PLANT STYLE

植物风格

如居在野

绿植达人的森林家居营造秘诀

【美】希尔顿·卡特（Hilton Carter） 著

吴朝清 张焱菁 译

化学工业出版社

·北京·

First published in the United Kingdom in 2020 under the title WILD INTERIORS by CICO BOOKS, an imprint of Ryland Peters & Small, 20-21 Jockey's Fields, London WC1R 4BW

Simplified Chinese copyright arranged through INBOOKER CULTURAL DEVELOPMENT (BEIJING) CO., LTD.

北京市版权局著作权合同登记号：01-2021-3964

图书在版编目（CIP）数据

植物风格.2，如居在野：绿植达人的森林家居营造秘诀 /（美）希尔顿·卡特（Hilton Carter）著；吴朝清，张焱菁译.—北京：化学工业出版社，2021.10

书名原文：Wild interiors

ISBN 978-7-122-39626-6

Ⅰ.①植… Ⅱ.①希… ②吴… ③张… Ⅲ.①园林植物-室内装饰设计-室内布置 Ⅳ.①TU238.25

中国版本图书馆 CIP 数据核字 (2021) 第 149411 号

责任编辑：林　俐　刘晓婷　　　装帧设计：金 金

责任校对：宋　玮

出版发行：化学工业出版社（北京市东城区青年湖南街 13 号　邮政编码 100011）

印　　装：北京宝隆世纪印刷有限公司

710mm×1000mm　1/16　印张 12½　字数 250 千字　2021 年 10 月北京第 1 版第 1 次印刷

购书咨询：010-64518888　　售后服务：010-64518899

网　　址：http://www.cip.com.cn

凡购买本书，如有缺损质量问题，本社销售中心负责调换。

定　　价：98.00 元

前言

我内心总有一种深切的渴望：让自己被植物包围。我努力在生活中实现这一点：在家中、在工作室里布满绿植；到其他城镇旅游的时候一定会去当地的温室或植物园。我总是被充满植物的地方吸引。你知道在温暖的初春里，抬头面对太阳的那种感觉吗？皮肤很温暖，空气中充满新生的气息，脸上不自觉展露微笑——这就是我每次走近植物时的感觉。充满绿植的空间给予我生命的力量，很多人都能体会到这一点，我喜欢将这样的空间定义为绿植风格。很幸运，如今绿植风格的空间越来越多。无论是在家里、餐馆、酒店还是火车站，用绿植布置空间已经成为一种新的生活方式。对许多人来说，这种让自己被植物包围的需求来源于生命的本能。

在第一本书 *Wild At Home* （中文版《植物风格 1 · 绿意空间：绿植软装设计与养护》）出版之后，我参加了一次巡回售书活动，和一些绿植爱好者进行了面对面的交流。在这些会面中，我产生了创作本书的想法。我发现，关于人们和植物，有那么多独特又感人的故事。也因为这些交流，我渴望听到更多，看到更多，和更多对绿植有着真正审美水准和独特思想的人见面，欣赏他们各具特色的绿植空间：从光线充足的大房子到光线黯淡的小居室，居住空间是创造绿植风格的基础。

之后，我走访了欧洲和美国的许多城市，与许多绿植达人见面，这些绿植爱好者和我分享了他们的故事、遇到的挑战和心得技巧。我将这些人的故事和绿植空间整理成这本书，相信能为读者打开关于绿植的一扇门，看到里面的景象并产生共鸣。我相信很多人会被这些家庭鼓舞，但不知道应该从哪里下手，也不知道自己的家应该选择哪些植物，所以在本书中我会重点告诉大家在不同条件的房间里放置什么植物最合适。

在旅行中，城市里的植物商店、温室和商业空间也对我有所启发。在这些商店中，我能清晰地感受到哪些植物开始变得流行，哪些植物具有流行的潜力，很快就会进入大众的视线。我将在本书中分享旅途中关于绿植有价值的信息。总之，本书的目标是介绍各种绿植达人们的故事以及他们的经验和秘诀，相信本书会鼓舞更多的人将植物带入家里、办公室以及其他的空间，因为绿植，这些空间将充满生命的活力。

目录

33
HC

植物灵感

能从哪里得到创作的灵感？我们去过的地方、周围的人，还是我们生活中的日常事物？我的答案："是的，以上都是。"对我来说，关于怎么用植物装饰空间，会从很多不同的途径获得灵感：网络、书籍、杂志、风格鲜明的电影，还有更重要的，我最喜欢的休闲消遣地——令人惊叹的植物商店、世界各地的植物园和温室。我会经常抽出时间去这些绿植空间呼吸新鲜空气，躲开街上的喧嚣，置身于绿植带来的静谧氛围。片刻的专注和自我关照会让我们走得更远。

当然，更重要的，这些绿植空间给我非常大的启发，不同的植物应该放在房子的哪个位置，如何创造更自然的环境让植物生活得更好，我学习这些方法并运用到自己家里的绿植布置和养护。

下面是我去过的一些地方，它们真的很有启发性，可能会成为你绿植之旅的完美起点。

灵感之境

启发我的 10 个地方

1

场所 巴比肯温室
地理位置 英国 伦敦

野兽派是对我影响最大的建筑风格之一。当我还是个孩子的时候，非常喜欢电影《银翼杀手》中野兽派风格的建筑，它们呈现的反乌托邦式的未来感深深吸引了我。所以，当有机会去英国伦敦，我没有错过去参观巴比肯温室，虽然这个美丽的地方只在周日开放。在巴比肯温室里，有我最喜欢的两样东西：野兽派建筑和植物。冰冷、坚硬、块状的混凝土建筑里是充满生命力的精致绿叶，这种对比很有吸引力，灰色和绿色的混合色调也是我的最爱。

整个巴比肯温室就像一个被废弃了几十年的购物中心，里面有超过 2000 种植物。巨大的龟背竹和蔓绿绒爬满室内外的建筑结构，数百种植物从房顶、栏杆上瀑布般地垂下。二楼隐藏着一个小型的沙漠景观，里面有一些令人惊叹的仙人掌和多肉植物。

如果这是我的家，我会永远不舍得离开。离开巴比肯温室时，我感到神清气爽、思路清晰、精神振奋。在设计罗娜种植园时我马上想到这个地方，并将它的风格和气质应用到罗娜种植园的设计中。

2

场所 伊莎贝拉 · 斯图尔特 · 加德纳博物馆
地理位置 美国 马萨诸塞州 波士顿

说到能激发绿植灵感的地方，就不得不说说伊莎贝拉 · 斯图尔特 · 加德纳女士的努力。这位女士收集了许多美丽的艺术品，当家里没有足够的空间放置它们时，她和丈夫建了一栋大楼。这个地方（或者说“宫殿”更合适）不仅供他们自己使用，也对外开放，供人参观。这座宫殿建于 1901 年，后来成为伊莎贝拉 · 斯图尔特 · 加德纳博物馆。

博物馆有着优美的建筑风格，收藏着许多精美的艺术品。但对我最有启发的地方是位于建筑中心的庭院。这个四层楼高的中庭绿洲是每个园丁的梦想，它由石柱、粉红色的灰泥墙、令人惊叹的拱形窗户和美丽的绿植组成。每个植物爱好者都有这样的梦想——在家中建一个温室，拥有一个有着桫椤（树蕨）、仙人掌、蔓绿绒和其他许多植物的家。虽然这或许只能是梦想，我们可能永远没有足够的财力在自己的家中创造出这样的美丽景象，但我们还是可以从这里获取灵感，创造可以实现的东西。只要去波士顿，我就会去这个博物馆，不然波士顿之旅就不算完整。感谢加德纳太太。

3

场所 罗林斯温室
地理位置 美国 马里兰州 巴尔的摩

罗林斯温室是我在巴尔的摩收获最多灵感的地方之一。在城市里长大的孩子，身边没有多少绿植——除非把杂草也算作绿植。和大多数城市一样，巴尔的摩也是水泥和砖块的混合色调，中间只掺杂一点儿绿色。生活在这里，想找点儿绿色可能有些困难。罗林斯温室始建于1888年，位于巴尔的摩市内的德鲁伊山公园附近，是美国第二大温室。记得我还是个孩子的时候，一家人开车去马里兰动物园的路上会经过温室，我很好奇这个华丽的建筑里到底有什么。它的形状和大小不同于我以往见过的其他建筑。小时候我没有进入这个温室，长大后我经常会想，如果早点进去这个建筑，我对绿植的热爱会不会更早地迸发。

我确切地记得对绿植的热情火焰是在2014年初点燃的。2015年搬回巴尔的摩时，我决定要住在城里，但又渴望被植物围绕，所以租下了琼斯大瀑布河边一幢适合养护植物的老旧公寓楼，正好就在德鲁伊山公园的正对面。现在，每当需要逃离日常生活呼吸点新鲜空气，或者只是想要获得一点灵感时，我就会漫步到温室去补充“营养”。在里面，你会发现来自世界各地的植物——其中的许多，如果不是被收集在这里，可能很难见到，当然也有许多常见的家居植物，我会仔细观察它们所处的环境是什么样的。

直到今天，虽然巴尔的摩还没有像我希望的那样植物繁茂，但这里是我绿植之旅的起点，我爱这里。我至今还没有一个属于自己的房子，但在罗林斯温室的激励下，我希望有一天自己能拥有一个带温室的房子。

4

场所 英国皇家植物园

地理位置 英国 伦敦 邱园

2019 年春天，我和妻子菲奥娜去了一趟伦敦，春天是去伦敦的最佳时节，有许多景点值得一去，但皇家植物园无疑排在景点清单的首位。

植物园建于 18 世纪中期，但直到 1848 年，棕榈温室——我认为最能激发绿植灵感的地方——才最终完工。了解我的人都知道我对棕榈的痴迷，邱园的棕榈温室真没让我失望。

走进温室之前，你就会被它形似倒置的航船的外部形状而吸引。维多利亚式的设计风格和巨大的规模让人叹为观止。我最感兴趣的是玻璃结构和建筑的入口，我多么希望自己也拥有一个这样的建筑。

当我战胜了对外部美景的迷恋，进入棕榈温室，迎接我们的是拂面的氤氲水雾和在风扇带动的微风中摇曳的热带植物。温室两端有华丽的旋转楼梯，你可以从地面和楼梯上不同角度欣赏美丽的绿植与白色的钢结构框架。

温室的每一处都会让你产生想居住生活在这里的冲动，或者至少在这里住上一晚。对我和菲奥娜来说，我们一直努力在自己家里重现棕榈温室的感觉。希望有一天我们能实现梦想。

5

场所 加菲尔德公园温室
地理位置 美国 伊利诺伊州 芝加哥

在美国，当职业运动队赢得冠军时，他们总是说要去迪士尼乐园庆祝。如果换做我，我会想去加菲尔德公园温室庆祝。如果你去过那里，一定会认同我的想法。

加菲尔德公园温室始建于1908年，以“玻璃温室里的景观艺术”为人们所知。一旦进入正门，你就能明白为什么这样描述它。你是否体会过心无杂念完全处于呼吸中的感受？对我来说，第一次进入这个温室就是这种感觉，闭上眼睛，深深地吸气，然后慢慢地呼出。这个温室有一种想让人把它装进瓶子里带回家的魔力。

这个温室对我启发最多的是蕨类植物空间。我去过世界各地的许多温室，但从未有过这样的感受：时间好像完全停止了，一个神秘的美丽世界在我面前展开。看到我的其他游客一定认为我有点疯了，因为我的脸上一直挂着傻笑，嘴里不断发出“哇哦”的赞叹声。巨大的空间规模和种类丰富的蕨类植物让人兴奋。我以前并不是很喜欢蕨类植物，但离开这里的时候我已经深深爱上了它们。

在这里，每一分每一秒我都在观察植物，注意空气中的湿度，学习鹿角蕨的悬挂方式……写到这里，我感觉正在给加菲尔德公园温室，更确切地说，是它的蕨类植物空间写情书。我已经结婚了，但我下次去芝加哥的时候，一定要写一张小纸条，上面写好“你喜欢我吗？我很喜欢你！”，然后将纸条从温室的门底下塞进去。抱歉，菲奥娜，你当然是我永远的人形蕨类植物空间。

6

场所 布鲁克林桥的一家酒店
地理位置 美国 纽约州 布鲁克林

这家环境友好的酒店就是我的家外之家。绿植散布的大堂，客厅美丽的绿植墙，每个房间里的植物，每一处都符合我心中的理想居所。

7

场所 新宿御苑国家公园
地理位置 日本 东京 新宿

对我来说，每次去东京都像第一次一样有新的发现和感受。这里有城市很难逃脱的过度承载的未来感，也有很多地方可以让你逃离纷扰、找到内心的平静。新宿御苑国家公园是最好的去处，温室宁静而葱茏，开阔的室外花园鲜花盛放，夺人心魄。

8

场所 康德萨街区
地理位置 墨西哥 墨西哥城

墨西哥城和纽约一样，有着我去过的其他城市市区所没有的繁茂植物。虽然这里找不到太多的室内绿植，但室外植物让这座城市生机勃勃、郁郁葱葱。无论走到哪里，都会看到热带植物在城市里蓬勃而生。

9

场所 金门公园花卉温室
地理位置 美国 加利福尼亚州 旧金山

从内到外都能看到花卉温室的美。我从这里得到了很多植物造型和打造梦想的家中温室的灵感。

10

场所 波浪屋
地理位置 墨西哥 图卢姆

对我和我的妻子来说，墨西哥的图卢姆具有神奇的魔力，这种魔力渗透在这座城市的大地。这座城市让我们着迷，以至于决定在这里举行婚礼。我们在可生物降解的纸上写下结婚誓言，里面嵌入了野花的种子，然后深深埋在这座城市的土壤里。

我的心愿清单

① 滨海湾花园——新加坡
② 星耀樟宜机场——新加坡
③ 阿托查火车站——西班牙马德里
④ 奥林匹克国家公园——美国华盛顿
⑤ 莱肯皇家温室——比利时布鲁塞尔
⑥ “树梢体验”森林螺旋步道——丹麦哥本哈根

热门植物

10 种“最潮植物”

2014 年开始绿植之旅时，我入手的第一个植物是一株琴叶榕。琴叶榕在当时非常热门，是绝对的潮流植物，常常出现在杂志文章、电影和电视节目中，是室内设计师的首选植物。虽然还是一个新手植物爱好者，琴叶榕让我成为时尚引领者。当朋友们来访的时候，虽然他们不知道它叫什么，但都知道这是一种非常酷的植物。几年后，琴叶榕的时尚地位被龟背竹取代，在那之后是冷水花，然后又变回琴叶榕。果然，潮流是一种轮回。

我喜欢琴叶榕，开始时只拥有一棵，现在有四棵，它们拥有自己的名字：弗兰克、树树、里奥宝贝和克莱文。当一种植物变得流行时，好处是它的价格会下降。而坏处也显而易见，过去很难看到琴叶榕，但现在甚至可以在杂货店看到它们，拥有它们不再是那么酷的事了。当然，这没有什么，因为你可以通过获得下一个潮流植物来提升你的酷感。所以你依然很酷，我们都很酷。

1

西瓜皮椒草

（*Peperomia argyreia*）

我想没有人不爱西瓜。我对西瓜皮椒草几乎有同样的感觉。虽然被叫作“西瓜皮椒草”，但它们并不会结小西瓜，这个称呼是因为它们叶子的颜色和形状很像西瓜。它的株形紧凑，所以不用担心占用太多的空间。西瓜皮椒草看起来非常独特，和其他植物放在一起时，永远是最突出的一个。

光照：想要保持最好的生长状态和叶面光泽，需要明亮的非直射光至中等光照，越亮越好，全天的散射光效果会更好。避免阳光直射，否则会灼伤叶面，留下褐色斑点。为了使其生长均衡，每 3 ~ 4 周调整一次朝向。

温度：喜欢温暖的地方，白天的生长适温在 18 ~ 27℃之间，晚上不低于 15℃。避免空调的冷风或暖风直吹。

浇水：5 厘米的土壤表层干燥时浇水。使用有排水孔的花盆，浇水直至多余的水从排水孔流到托盘中。将托盘中的水倒掉，长时间浸泡会导致植物根部腐烂最终枯死。缺水会使叶子卷曲，顶端变成棕色，最终导致植株死亡。

换盆：春夏生长季换盆。发现植物的根从盆底的排水孔伸出时，就需要进行换盆。新盆的直径至少比原来的大 5 厘米。在浇水前换盆，盆土干燥时更易移栽。

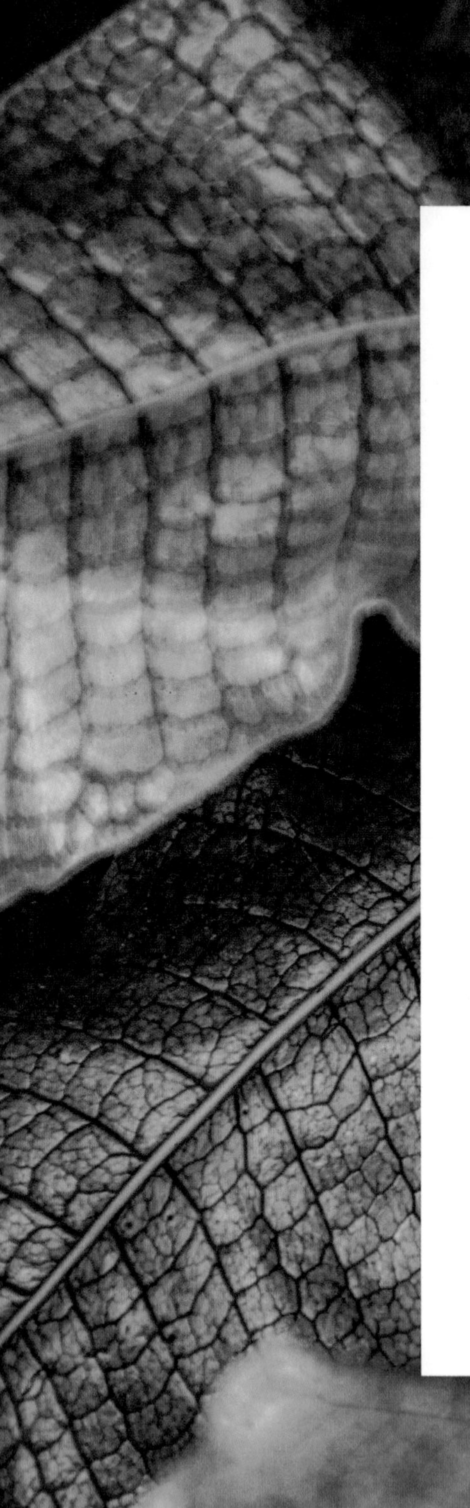

2

鳄鱼蕨

（*Microsorum musifolium* ‘Crocodyllus’）

除了“鳄鱼”之外，我想象不出还有什么更适合这种疯狂炫酷的蕨类植物的名字。自然是让人惊诧的，鳄鱼蕨的叶子像爬行动物的皮肤一样光滑有质感，当然，请不要尝试用它做靴子！在其自然栖息地，鳄鱼蕨能长到大约 1.5 米高。如果光照和养护适当，它也能在室内野蛮生长。

光照：明亮的非直射光至弱光都适合。如果你家有东北向的窗户，把鳄鱼蕨放在这个窗户前绝对没错。像所有的蕨类植物一样，要避免阳光直射，否则会灼伤叶面，使叶子边缘干枯甚至导致植株死亡。为了使其生长均衡，每 3 ~ 4 周调整一次朝向。

温度：记住，这是一种热带植物，所以最好把它放在十分温暖的地方。白天的生长适温在 18 ~ 27℃之间，晚上不低于 15℃。避免空调冷风或暖风直吹。

浇水：和多数蕨类植物不一样，你需要在鳄鱼蕨盆土表层 2.5 ~ 5 厘米有些干燥时浇水。将其种植在有排水孔的花盆中，浇水直至多余的水从排水孔流到托盘中。将托盘中的水倒掉，长时间浸泡会导致植物根部腐烂最终枯死。缺水会使叶子卷曲变成棕色，最终导致植株死亡。如果你家中比较干燥，每周进行叶面喷雾。

换盆：在春夏生长季换盆。发现植物的根从盆底的排水孔伸出，就需要进行换盆。新盆的直径至少比原来的大 5 厘米。

3

青苹果竹芋

（*Calathea orbifolia*）

青苹果竹芋的美足以说明我为什么如此热爱热带植物。它原产于玻利维亚，有着美丽的如乒乓球板一样的叶子，上面有醒目的淡绿色和深绿色条纹，这些个性的条纹使青苹果竹芋从众多的植物中脱颖而出。虽然并不是每个家庭环境都适合这种植物，但只要在合适的环境中，它就能长得相当庞大，成为绝对的“C 位植物”（中心植物、主角植物）。

光照：为了保持叶子活力光泽，必须提供合适的光照。最完美的是中等强度的光照。避免阳光直射，否则会灼伤叶子，产生褐色斑点。为了保证植株均衡生长，每 3 ~ 4 周调整一次朝向。

温度：青苹果竹芋喜欢凉爽又不太冷的温度。白天的生长适温是 18 ~ 27℃，晚上不低于 15℃。避免空调冷风或暖风直吹。

浇水：就像大多数肖竹芋属植物一样，青苹果竹芋需要保持土壤湿润，所以浇水的频率应该稍高一点。但这并不是说要把它淹死在排水很差或不能排水的花盆里。浇水过多会使叶子失去鲜艳的色泽，褪色枯萎。缺水会使叶子卷曲，顶端变成棕色，最终导致植株死亡。如果你家比较干燥，每周进行叶面喷雾。

换盆：春夏生长季换盆。发现植物的根从盆底的排水孔伸出，就需要进行换盆。新盆的直径至少比原来的大 5 厘米。在浇水前换盆，盆土干燥时更易移栽。

4

圆叶轴榈

（*Licuala grandis*）

在本书提供的热门植物清单中，我相信棕榈将是未来几年最受欢迎的植物。它们可以长到1.5 ~ 1.8米高，把它们放置在一个合适的地方，让它们自由生长。

光照：要保持最好的生长状态需要明亮的非直射光，越亮越好，全天的散射光效果会更好。放在有阳光的窗户附近比较理想。避免阳光直射，否则会灼伤叶面，留下棕色斑点。为了使其生长均衡，每3 ~ 4周调整一次朝向。

温度：参考热带气候，在家中找一个温度在18 ~ 27℃之间的温暖的地方，不要低于18℃，保持在23℃最完美。避免空调冷风或暖风直吹。

浇水：需要保持土壤湿润。把手指插入土壤中至少2.5厘米深。如果手指沾上的泥土足够湿润，就还不需要浇水。如果是干的，就要浇水。浇水过多会导致叶子变黄，还可能导致根部腐烂。在寒冷的月份要少浇水，但需要经常用手指检查土壤湿度。如果你家比较干燥，每周进行叶面喷雾。

换盆：春夏生长季换盆。发现植物的根从盆底的排水孔伸出，就需要进行换盆。新盆的直径至少比原来的大5厘米。在浇水前换盆，盆土干燥时更易移栽。

5

孟加拉榕

（*Ficus benghalensis* 'Audrey'）

孟加拉榕是一种可以和琴叶榕媲美的植物。它在野外可以长到大约6米高，所以在室内，足以成为“C位植物”。换句话说，你的房子里如果有一株孟加拉榕，虽然它在室内不会长得像在野外那样高大，但还是要给它留出伸展枝条的足够空间。

光照：要保持最好的生长状态需要明亮的非直射光，越亮越好，全天的散射光（有阳光的窗口）会更好。避免阳光直射，不要靠近朝西的窗户放置这种植

物，因为西向窗户下午的强烈直射光会灼伤叶子，产生黄色和棕色斑点。为了保证生长均衡，每 3 ~ 4 周调整一次朝向。

温度： 白天 18 ~ 27℃，晚上不低于 15℃。尽可能地模拟它的自然生长环境。

浇水： 我的经验是，对榕树和大多数其他热带植物来说，最上面 5 厘米的表面土层完全干燥时才需要浇水。判断的方法和前文一样，是将手指插入土壤中至少 2.5 厘米深判断土壤是干燥还是湿润。最好是用有排水孔的花盆。浇水时直至多余的水从排水孔流到托盘中。将托盘中的水倒掉，长时间浸泡会导致植物根部腐烂最终死亡。如果你家比较干燥，每周进行叶面喷雾。

换盆： 春夏生长季换盆。发现植物的根从盆底的排水孔伸出，就需要进行换盆。新盆的直径至少比原来的大 5 厘米。

'怪兽'秘鲁天轮柱

（*Cereus peruvianus* 'Monstrosus'）

很多人家里都有常见的仙人掌植物，为什么不狂野一点，买一棵扭曲的'怪兽'秘鲁天轮柱？有时候我会想，如果能重新来过，我会尝试让仙人掌植物代替家里其他的植物。如果把它们放在窗户前，它们的刺会让你的家更安全，而且不必经常给它们浇水，养护简单，能节省不少的时间。

'怪兽'秘鲁天轮柱的另一个优点在于，虽然它是一种仙人掌，但它的刺不太长，这使它成为一种更适合家居环境的仙人掌。它扭曲的形状看起来像萨尔瓦多 · 达利画中的仙人掌。

光照： 需要明亮的直射光，越亮越好，放在朝南或东南的窗户前是最理想的。直射到早上的阳光是没有问题的，但可能会被下午的直射光灼伤。为了使其生长均衡，每 3 ~ 4 周调整一次朝向。

温度： 喜欢温暖的地方，白天的生长适温在 16 ~ 29℃之间，夜间不低于 13℃。

浇水： 只有当花盆里的土壤完全干燥时才需要浇水。在温暖的月份我每 3 周浇一次水，寒冷的月份我每 4 ~ 6 周浇一次水。有排水孔的陶盆或瓷盆对仙人掌来说是最完美的容器，没有排水孔的容器很容易导致浇水过多。我的经验是，少浇好过于多浇。想想它们生活的沙漠你就能明白这点了。

换盆： 春季或夏季换盆。发现植物的根从盆底的排水孔伸出，就需要进行换盆。新盆的直径至少比原来的大 5 厘米。

7

玉缀（翡翠景天）

（*Sedum morganianum*）

想要一个美丽的蔓生植物悬挂盆，玉缀是理想的选择，因为它们可以从 1.8 米或更高的地方垂坠到地面。一簇簇粒状的叶子非常可爱，是适合室内种植的美丽植物，尤其是在春夏两季，它们还会开出红色的小花，当然这需要正确的养护和适当的光照。

光照：要保持最好的生长状态需要明亮的非直射光，越亮越好，全天的散射光会更好。早晨的直射阳光是没有问题，但下午的直射阳光会灼伤叶面，使叶子干枯。为了使其生长均衡，每 3 ～ 4 周调整一次朝向。

温度：喜欢温暖的地方，白天的生长适温在 18 ～ 27℃之间，晚上不低于 15℃。尽可能模拟植物的自然生长环境。

浇水：我只在土壤完全干燥的时候才给玉缀浇水，通常是 2 周浇一次。使用有排水孔的容器是关键，因为没有排水孔的容器很容易积水。如果叶子变黄，一般就是因为水太多了。如果叶子看起来有点皱褶，就表明它处在缺水的状态。我的经验是，最好少给玉缀浇水，不要在它不渴的时候让它喝水。记住，大多数植物是死于浇水过多而不是浇水不足。

换盆：在春夏生长季换盆。另外，玉缀喜欢小一点的盆，所以不用经常给它换盆。在浇水前换盆，盆土干燥时更易移栽。玉缀的叶子非常脆弱，很容易脱落，所以在换盆的时候动作要轻柔。

提示：如果你喜欢翡翠珠这类植物，它们的养护需求与玉缀类似。

高山榕

（*Ficus altissima*）

我对任何好榕树都爱不释手，其中高山榕最是心头之好。当在巴尔的摩的一个苗圃第一次看到它时，以为它是一种橡胶植物，因为它叶子的颜色是黄绿色和深绿色的混合色。这种热带植物在野外可以长到 18 米高，但不要指望在你的家里也能长这么高——除非你住在温室里。我喜欢高山榕的原因是，它不像它的“表亲”琴叶榕那么难以和其他植物相搭配，将它放在任何植物旁边看起来都很棒。如果你想让房间充满活力和色彩，榕树是完美的植物选择。

光照：就像其他榕树一样，要保持高山榕处于最佳生长状态，需要明亮的非直射光，越亮越好，全天的散射光会更好。阳光充足的窗边是最理想的。它不喜欢阳光直射，所以不要放在朝西的窗户前面。早晨的直射阳光是没有问题，但下午的直射阳光会灼伤叶面，造成黄色和棕色的斑点，注意不要与因为缺水而叶尖变棕混为一谈。为了使其生长均衡，每 3 ~ 4 周调整一次朝向。

温度：放在家中比较温暖的地方，白天的生长适温在 18 ~ 27℃之间，晚上不低于 15℃。尽可能地模拟它的自然生长环境。

浇水：对榕树和大多数其他热带植物来说，只有最上面 5 厘米的表层土完全干燥时才需要浇水。把手指插入土壤中至少 2.5 厘米深，判断土壤是否已经干燥，再决定是否需要浇水。将其种植在有排水孔的花盆中，浇水直至多余的水从排水孔流到托盘中。将托盘中的水倒掉，长时间浸泡会导致植物根部腐烂最终死亡。缺水会使叶尖变成棕色，甚至导致植株枯死。如果你家比较干燥，每周进行叶面喷雾。

换盆：春夏生长季换盆。发现植物的根从盆底的排水孔伸出，就需要进行换盆。新盆的直径至少比原来的大 5 厘米。在浇水前换盆，盆土干燥时更易移栽。

圆叶福禄桐

(Polyscias ‘Fabian’)

和大多数美国孩子一样，我是读着苏斯博士的书长大的。如果要我选一个我最喜欢的故事，我会选《绿鸡蛋和火腿》。不仅故事有趣，插图也非常狂野梦幻，最令我印象深刻的是树木的形状和设计。圆叶福禄桐让我想起苏斯博士书中的事物。它的美丽和怪异来自粗壮的树干、纤细而带斑纹的树枝，以及饼状的叶子，叶子正面是深绿色，背面是紫色。圆叶福禄桐雕塑般的形状，使它成为希望与众不同的家庭的最佳选择。

光照：保持最佳生长状态需要明亮的非直射光，越亮越好，全天的散射光会更好。阳光充足的窗边是最理想的。避免阳光直射，所以不要放在朝西的窗户前面。早晨的直射阳光是没有问题，但下午的直射阳光会灼伤叶面，产生黄色和棕色的斑点。为了使其生长均衡，每 3 ~ 4 周调整一次朝向。

温度：需要放在家中温暖的地方，白天的生长适温在 18 ~ 27℃之间，晚上不低于 15℃。24℃左右的温度是最理想的。

浇水：只有最上面 5 厘米的表层土完全干燥时才需要浇水。把手指插入土壤中至少 2.5 厘米深，判断土壤是否已经干燥，再决定是否需要浇水。将其种植在有排水孔的花盆中，浇水直至多余的水从排水孔流到托盘中。将托盘中的水倒掉，长时间浸泡会导致植物根部腐烂最终死亡。缺水会使叶尖变成棕色，甚至导致植株枯死。但比起浇水过多，它更能忍受缺水。

换盆：春季或夏季换盆。如果发现植物的根已经从花盆的排水孔里钻出来了，那就说明该换盆了。新盆的直径比旧盆至少大 5 厘米。

10

墨西哥树蕨

(*Cibotium schiedei*)

我一直对树蕨的美感到敬畏。它们不是在苗圃经常能见到的植物，但如果有，你一定要带走一棵。看着蕨类植物慢慢展开娇嫩的新叶，总是让人感到兴奋。与其他低矮的蕨类植物不同，墨西哥树蕨在野外可以长到 3 米高。即使放在家里不起眼的角落，这个华丽的植物也能轻易引起人们的注意，成为“C 位植物”。

光照：明亮的非直射光到中等光照最好。如果你有朝东北或者朝东的窗户，把墨西哥树蕨放到这个窗户旁边是最合适不过的。和所有的蕨类植物一样，尽量避免阳光直射，否则会灼伤叶面，使叶子边缘干枯，变成棕色，最终导致死亡。为了使其生长均衡，每 3 ～ 4 周调整一次朝向。

温度：记住这是一种热带植物，所以最好把它放在温暖的地方，白天的生长适温在 18 ～ 27℃之间，晚上不低于 15℃。避免空调冷风和暖风直吹。

浇水：和大多数蕨类植物一样，需要保持土壤湿润。永远不要让土壤完全干透，但这并不意味着可以把它淹没在没有排水孔的花盆里，根部水分过多时，叶子会变黄。在寒冷的月份，要少浇水，但一定要经常用手指检查土壤的湿度水平。如果你家比较干燥，每周要进行叶面喷雾，或者在放蕨类植物的房间里安装加湿器。

换盆：春季或夏季换盆。如果发现植物的根已经从花盆的排水孔里钻出来了，就说明该换盆了。新盆的直径比旧盆至少大 5 厘米。

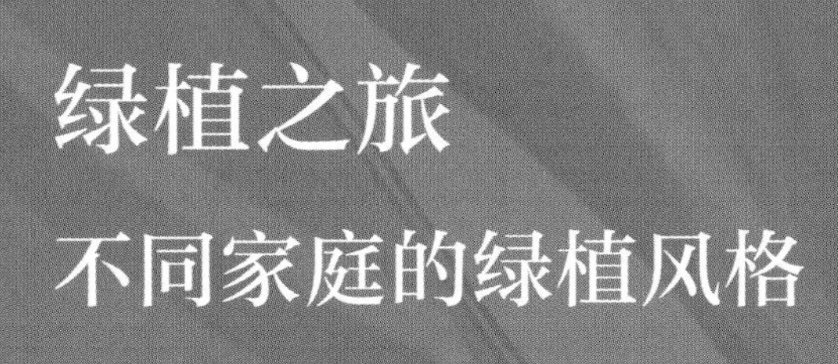

绿植之旅

不同家庭的绿植风格

在电影学校的时候，老师教我们，在创造一个角色时，应该知道这个角色的背景故事。在漫画书中，它被称为故事起源。作为一名自由导演，我非常重视场景的布置，确保场景中的每个细节都能从侧面告诉观众关于角色的故事。而我的“绿植之旅”，正是开始于打造空间场景的热情，我希望每个场景都能够讲述栖居其中的角色的故事。

我开始思考自己的家居空间，那里的物品和细节正在讲述关于我的什么故事？我慢慢地在我的家中布置越来越多的植物。我知道当我所处的环境中有绿植时，我的感觉会变得非常美妙，我想在家里也有同样的感觉。一生二，二生三，三生万物，渐渐地我家中的植物越来越多，我成了狂热的植物爱好者。

植物所具有的生命力量让许多人把它们带回家中。在环游世界的旅行中，见到了许多拥有自己的绿色空间的人们，他们和我分享了他们的绿植故事。请大家和我一起来一次旅行，看看绿植的力量是如何改变普通的家居空间。

阳光充足的家中“丛林”

家庭 艾琳娜·法莎科娃
地理位置 美国 纽约州 布鲁克林

你想体会狂野的感觉吗？让我们一起狂野！当然，我所说的并不是"脱下衬衫，像直升机的螺旋桨一样在头上旋转"的狂野，而是绿色植物带来的野外一般的感觉。当我进入才华横溢的画家艾琳娜·法莎科娃家的“丛林”时，就有这样的感觉。这个“丛林”是她和丈夫阿提姆，两只猫乌莎和苏菲，以及大约80棵植物共同的居住空间，面积为93平方米的公寓。当提到纽约的公寓时，我脑海中浮现的是那些面向大型建筑的窗户狭小的空间，但艾琳娜的家可不是这样。艾琳娜说：“我一直在寻找一个充满阳光的开放式阁楼空间，在那里我可以一边生活一边工作。这个公寓是完美选择。”我想这里的关键词是“充满阳光”——这是艾琳娜家众多美丽植物茁壮成长的关键因素。

① 花叶橡皮树 ②心叶蔓绿绒 ③ 姬龟背 ④国王椰子 ⑤白鹤芋 ⑥白幽灵大戟 ⑦琴叶榕

“如果家里没有植物，会让人感到空旷和毫无生气。
尤其是当你生活在像纽约这样的大城市时。”

当艾琳娜打开家门，带着久违的朋友般的微笑和我打招呼时，我似乎看到有光涌进她的家。在她公寓最里面的一面墙上，是几扇漂亮的大窗户，几乎占据了整面墙。与城里大多数公寓不同，她的窗户面对着广阔的天空。西南朝向的窗户非常适合为多种植物提供生长所需的光照。在艾琳娜家中，除了巨大的窗户和窗外的景色，你注意到的下一件事就是整个装修风格。我问艾琳娜如何描述她的室内装饰风格，她回答说:“折衷——我喜欢混搭和复古风格，我在旅行中买到的新奇玩意儿、跳蚤市场的发现和现代家具搭配出的视觉效果，使家里看起来舒适而亲切。此外，整个空间里热带植物与当代艺术共存，因为我把它作为我的工作室。”公寓的每一个角落都生长着绿植，中间散布着艾琳娜的艺术作品，有的已经完成，有的正在进行。（艾琳娜还专门为本书创作了绘画作品，风格非常狂野！）

艾琳娜的植物游戏玩得很嗨，她非常爱稀有的和具有挑战性的植物。在她的家里，你会发现不同种类的龟背竹，混杂着海芋和西瓜皮椒草。这些植物不好照料，但艾琳娜的努力和家里的光照让它们蓬勃生长。“从记事起，我家里就有植物，但2017年我搬到纽约时，不得不把所有的植物都留在了莫斯科。两年前我开始重新收集植物。在绘画几个小时之后，植物给我抚慰，让我的眼睛得到休息。对我来说，照料植物是一种正念冥想的好方法。多年来，我争取每天抽出一个小时和我的植物在一起，这已经成为我每天的习惯。”我非常同意她的说法，这是照料绿色生命时必要的一种奉献。艾琳娜继承了她妈妈和奶奶对绿植的热爱，从小就喜欢读关于植物的书。也许这种热爱已经根种在她的基因中。

对很多人来说，首先要了解你的房子中每个房间的光照条件，这决定了你能够在哪里放置什么植物。但艾琳娜是幸运的，因为她的公寓大部分都有明亮的光线。当我问她如何决定将植物放置在哪个房间时，她说：“这完全取决于每种植物对光线和湿度的要求。例如，喜欢阳光充足的植物会集中在窗户附近，而喜欢高湿度的热带植物则会聚集在离窗户较远的地方。我通常从了解植物的喜好入手。”找到一个阳光充足的好地方，布置上绿植，这就是我们的快乐！

绿植艺术品墙

这是艾琳娜最喜欢的角落。墙面上，茁壮生长的仙洞龟背竹、美丽的帕斯特蔓绿绒与艾琳娜的华丽画作创造的艺术氛围完美融合。

①花叶鸭脚木　②锦叶龟背竹
③西瓜皮椒草　④帕斯特蔓绿绒
⑤镜面草　　　⑥仙洞龟背竹

植物学厨房

艾琳娜用蔓绿绒和海芋来分隔开放式的厨房与客厅空间，使两个空间的过渡十分自然，不像固体屏障那样带来封闭感。（下图）

①鳟鱼秋海棠 ②蔓绿绒
③水晶花烛 ④绿天鹅海芋

创意花器

如果你的空间有限，悬挂式花盆是完美的选择。另外，这也是一个让好奇的宠物够不到植物的好方法。不同种类的球兰（这里使用了‘切尔西’、‘紧凑型’和‘杂色’）都是理想的悬挂品种。(上页左下图)

高度和空间组合

艾琳娜的公寓是开放式家居如何优化空间来布置植物的范例。搁板可以展示像山乌龟这样的蔓生植物，边桌可以展示苏铁那样叶子细长而多刺的引人注目的观叶植物，创造出视觉上的趣味性，小角落和空白墙面也得到充分利用。（本页图）

①苏铁 ②花叶鸭脚木 ③山乌龟 ④绿萝

白鹤芋的大叶子隔开了艾琳娜的工作空间与卧室。（下页图）

①国王椰子 ②白鹤芋 ③天堂鸟

我认为艾琳娜在植物中找到了她的快乐。我特别喜欢客厅里放沙发的角落，一棵巨大的帕斯特蔓绿绒在那里舒展着叶片，而茁壮的仙洞龟背竹则在墙壁上尽情伸展。“每当我坐在沙发上看到这样的风景，就会有一种置身丛林的感觉。”艾琳娜说。

艾琳娜用白鹤芋隔开工作区和卧室，用海芋和蔓绿绒隔开客厅和厨房。对于完全开放式的房子布局来说，想要找到无障碍划分空间的方法并不容易。用植物分隔空间的方法真的非常聪明，使整个空间又自然又美丽。

虽然艾琳娜认为她对植物们一视同仁，但被要求回答 80 株植物中她最喜欢哪一个时，她回答说：“很难选出最喜欢的一个。它们每一个对我来说都是独特的。但是如果必须选一个，我会选锦叶龟背竹，因为它们的每一片叶子都有独特的抽象图案。当一片新叶展开的时候，就像一个小小的惊喜，因为你永远猜不到它会是什么样子。”我对这个回答感到很惊讶，因为我对她的抽象画也有同样的感觉。当你看完一片锦叶的图案，然后再看她的艺术品时，你会觉得它们非常相似。

①
②
③

猫和植物的关系，她没有太多顾虑："乌莎和苏菲喜欢被植物包围着。我想它们已经习惯了，并且认为自己是丛林猫科动物。它们喜欢在树叶间玩捉迷藏，从来没有发生过啃食有毒植物的事故。了解什么植物对你的宠物有毒，这点很重要。"(参考180页的"宠物和植物"。)

最后，我向艾琳娜询问，在她的绿植之旅中有哪些经验是最想和别人分享的。她回答说："边走边学很重要。我喜欢在购买植物之前先上网查看关于这种植物的信息。我特别关注的是这种植物的自然生长环境：原产于哪个国家，它在野外生长的海拔高度、紫外线指数、湿度等。基于这些信息，我尝试在我的公寓里再现植物生长的最佳条件。另一个重要的建议是花点时间和你的植物在一起——要善于观察，注意细微的变化。这可以帮助你慢慢弄清楚植物需要什么、喜欢什么。"

我真心地赞叹：干得漂亮，艾琳娜！

“我通常从了解植物的喜好开始。”

宁静的卧室

艾琳娜在她床的上方悬挂了镜子，并在镜子上放置植物，这是一种反射光线的好方法，对房间里的所有植物都有帮助——这真是天才的做法！在床头布置‘宿雾蓝’麒麟叶这类攀缘植物，在将要闭眼入睡时，视线最后停留在绿色的叶子上，一定能做个好梦吧。

①姬龟背　②变叶木
③‘宿雾蓝’麒麟叶
④ 苏铁　⑤仙洞龟背竹

新旧混搭、丰富的色彩和植物

家庭 达比托
地理位置 美国 加利福尼亚州 洛杉矶

第一次偶然发现达比托的美妙作品是在 2015 年，当时我住在新奥尔良，想买一张新餐桌。我浏览博客为新公寓寻找灵感，看到了推荐他的家居空间的文章。他对色彩的运用方式立刻吸引了我的注意。直到 2019 年夏天我去拜访他的时候，他的家还一直延续着这种大胆使用亮色的风格。住在洛杉矶的达比托拥有一座 140 平方米的中世纪住宅，住在那里的还有他的未婚妻瑞安，他们的小狗路易吉和斯特林，还有猫咪沃比娜。在他的家中，充满了丰富的色彩和图案，他的家是对折衷主义的真正诠释。

“我必须在每个房间里放一些植物，否则会感觉像无菌室般毫无生气。”

在达比托和瑞安的房间里你能感受到探索的乐趣。每个房间里都充满了很多元素，新旧物品的混搭，结构的叠加，还有大胆的配色，但每项布置都丰富且和谐，处处都令人满意。“我的家庭风格兼具现代感和波西米亚风。我喜欢用大胆的颜色、植物、艺术品和结构组合来定义空间。我是一名平面设计师、版画家和摄影师。在我的个人作品中，我也总是使用大量的色彩。我拥有自己的房子后，就把家当成画布，让家里拥有更多的色彩。我想奇特的眼光能启发设计家居的灵感，还有旅行——即使只是去跳蚤市场——也能给我很多有趣的想法！”达比托谈到自己的风格和工作时这样说。但其实不用他说，他的家让一切不言自明。

达比托的家里有多种具有自然感的元素，但我最感兴趣的是他的绿植。达比托说他家总共有 20 株植物，但感觉上要多得多。这也许是因为他在三个房间里，布置了我称之为“C 位植物”的大中型植物：客厅里是高大的孟加拉榕，餐厅是琴叶榕，主卫生间是一棵大龙血树。达比托增添绿植时总是努力追求完美。尽管达比托幼年时没有绿植种植经验，但他说：“我家有一个种植可食用植物的花园，种了很多果树，比如番石榴、鳄梨和石榴等，还有西葫芦、苦瓜和黄花菜等蔬菜。我来自一个移民家庭，我们一家子人挤在一间小房子里，记得高中的最后一年，我才有了自己的房间，但其实就是我们的客厅。我记得在宜家的产品目录上看到过很多植物。我没有钱，也没有车，所以就从院子里采撷一些植物，比如虎尾兰，把它们放在花瓶里。当我们去杂货店的时候，我会求妈妈给我们的浴室买一株小植物。我想这就是我探索植物的开始。我 20 多岁的时候，在一家园艺公司工作过，这进一步激发了我对植物的热爱。”这种爱遍及他的家。但表达对绿植的爱并不是那么容易的事，你不能随便在家里放置一个植物就完事。每个决定的背后都必须有事先的考虑和策划。达比托说：“在买入一株植物前，我会预先研究它们的形状和颜色，以及它们需要多少养护。”设计师的眼光和对绿植的热爱是完美的组合，就像灰姑娘穿上水晶鞋。可能这个比喻有点俗气，但我还要说：加油继续！榕树放得恰到好处。

在家里布置植物可以让坚硬的空间结构变得柔软，给死气沉沉的角落带来生命的活力。达比托认为，绿植是增添生活气息的必要元素：“植物真的可以让空间变得个性化且丰盈饱满。对我来说，它们带来了快乐。我在家工作，有时会感到孤独，植物是最好的陪伴——老实说，它们让我感觉不那么孤单。所以我必须在每个房间里放一些植物，否则就会感觉像无菌室一般毫无生气。”我非常相信并认同这一点。

①孟加拉榕　②龙血树

有趣的颜色

达比托客厅里的植物都是经过精心挑选的，与他的艺术作品、纺织品和家具完美搭配。所有的植物都种植在风格独特的容器里：挂在墙上吊网里的空气凤梨，立式花盆里的龟背竹，餐具柜上手绘陶缸里的鹿角蕨。

①空气凤梨　②龟背竹　③鹿角蕨　④孟加拉榕

④
③

“植物可以让空间感觉更温暖和怡人，尤其是对于小空间，作用更为明显。”

戏剧感

波叶鸟巢蕨的波浪状叶子与瓷砖的线条完美搭配（上图）。猫咪沃比娜用脸颊轻抚龟背竹的叶子（左图）。

一棵富有表现力的琴叶榕完美地衬托着一幅抽象画。画的笔触呼应着树叶的形状和生长方向。桌上的银线龙血树种植在一个覆着一层白色石头的橙色碗状容器里，看上去别出心裁。（下页图）

我经常和我的琴叶榕弗兰克说话。达比托在家工作的时候，陪伴他的还有宠物，当我问它们和植物相处得如何时，他回答说："谢天谢地！沃比娜和路易吉偶尔会用爪子刨土，但在多数情况下，它们不破坏植物。沃比娜喜欢用她的脸颊轻抚叶子。它很可爱！"

达比托最喜欢的植物一直都是龙血树和蕨类植物，但他无法从他收集的植物中选出一株最喜欢的，它们都是他的宝贝。达比托还分享了一些如何购买新植物的小窍门："植物是一种相对很便宜的方式，可以让空间感觉更温暖和怡人，尤其对于小空间，作用更为明显。慢慢地，我开始买更大型的植物，它们根系更结实，不像小型盆栽植物那样因为干得快而容易缺水。我容易忘记浇水。有些人浇水过多，我一定是浇水过少。"我对于达比托的经验的总结是：了解自我是成为更好的植物家长的第一步。

可爱的拱门

达比托家的拱门把房间的内景衬托得非常漂亮。透过拱门可以看到主卫生间，里面有一棵巨大的“C 位植物”龙血树。上页右图是这棵龙血树近距离的照片。

①镜面草　②银斑葛　③龙血树

古老的家，柔和的色彩

家庭 西奥多拉 · 麦迪克
地理位置 德国 柏林

我在柏林的一个二层公寓里见到了西奥多拉。她的朋友叫她西奥，她让我也这么称呼她。天下植物爱好者是一家！西奥住在新克尔恩的一个“旧式”风格的公寓里，公寓是在 19 世纪初建造的，特点是高高的天花板、木地板和灰泥粉刷的墙面。西奥的家由她和男友本杰明，两只猫查理和米罗，以及 150 株植物组成。西奥通过强大的想象力和创造力，赋予家生命的活力。西奥说：“我喜欢把所有东西混合在一起。有一点中世纪风格，一点包豪斯风格，一些新的物品，还有一些超过 100 年历史的物品。我总会有新的想法，而这些想法形成了现在这间公寓。”

“我觉得目前的植物热似乎在更深层次上触动人们，我希望它能持续更长的时间——可以肯定，这不是短暂的潮流！”

当走进西奥的公寓时，我被这里的色彩氛围所打动。我喜欢暗色调和具有氛围感的室内设计。西奥的家似乎在以一种“爱的语言”与人产生对话。整个空间的硬装色调是柔和的，更好地突显了家具、植物等软装的精妙色彩。我被公寓的装饰细节震惊：墙壁柔和地过渡到天花板的方式，美丽的天花板造型框住了吊灯，吊灯在每个房间里都像瀑布一样倾泻下来——打动人心的细节如此之多！这一切让我明白了为什么西奥和本杰明在这里住了 6 年。

我问西奥，她的工作是否影响了她的室内风格，她回答说：“我是一名广告文案，和室内设计没有太大关系。但作为一名广告文案，我和我的公寓常常受到广告宣传的影响。通常，当我在广告中看到某样新产品时，我会知道它是受到了哪个旧事物的启发，然后我就会去寻找旧的原作。”她的房子就是新旧混合的风格，让人感觉如此温暖和舒适，但真正让我感到宾至如归的是这里的植物。在这个只有 62 平方米的公寓里，你很难不注意这 150 株植物。我问她把这些植物带回自己的家中用了多长时间，她说：“很长时间。最早的一批植物是我从父母家里搬出来时带过来的，我照顾它们超过 15 年了。我父母告诉我，从蹒跚学步的时候起我就很喜欢花花草草。”小时候家里养植物的经历对西奥的影响很大，你可以看到她的家里交织着一种孩子般的欢乐。最好的例子就是她起居室里的书架。你可以从一个人赋予他的书架的风格了解这个人。在西奥的书架上，有一个小鹿斑比雕像，混在小植物、玻璃容器和其他独特的宝贝之中，所有饰品装饰着按照颜色分类排列的书籍。架子下面是一架老式钢琴，可以兼作植物架。为你的植物演奏音乐是对植物更高级的照顾，对于我来说，播放一些巴赫的音乐就好了，但西奥自己演奏。我是开玩笑的，我从不给我的植物播放巴赫，我们更像是贝多芬式的家庭。

当我问西奥最喜欢哪个房间时，她告诉我是她的厨房，她非常喜欢厨房的植物架。我们以独特的方式来照顾我们的植物，并且从中找到属于自己的乐趣。西奥满脸笑容地说：“当我开始购入新的植物时，我真的很兴奋，而且总要给男朋友看（不管他想不想看）。”对西奥来说，人只能活一次，植物也是如此。西奥总是把植物的需要放在第一位。如果在苗圃或园艺中心看到她想要的植物，她就会毫不犹豫地收入一棵。

①吊兰 ②君子兰 ③鹿角蕨 ④ 黄金钮 ⑤镜面草 ⑥网纹草 ⑦玉缀 ⑧球兰 ⑨‘佛罗里达飞机’蔓绿绒 ⑩水晶花烛 ⑪秋海棠 ⑫竹芋 ⑬ 紫叶酢浆草

色彩的呈现

绿色的沙发具有近似绿植般的柔软质感，而地毯则是鲜艳的红色，与咖啡桌上的花朵和沙发上的桃色枕头互相呼应。（左上图）对面餐具柜上的植物包括小天使蔓绿绒、琴叶榕和龙血树。（左上图）

①雪铁芋　②小天使蔓绿绒

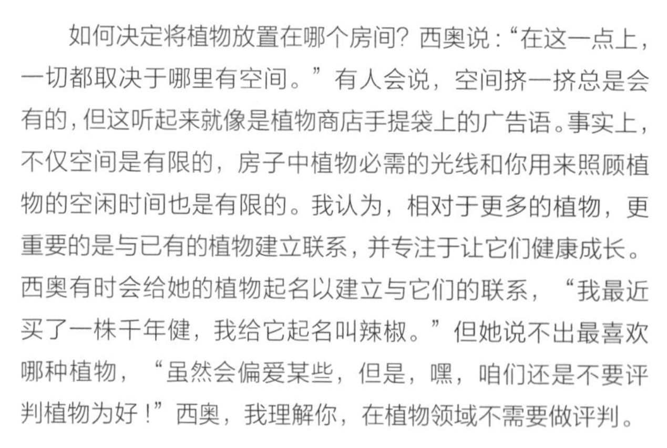

如何决定将植物放置在哪个房间？西奥说：“在这一点上，一切都取决于哪里有空间。”有人会说，空间挤一挤总是会有的，但这听起来就像是植物商店手提袋上的广告语。事实上，不仅空间是有限的，房子中植物必需的光线和你用来照顾植物的空闲时间也是有限的。我认为，相对于更多的植物，更重要的是与已有的植物建立联系，并专注于让它们健康成长。西奥有时会给她的植物起名以建立与它们的联系，“我最近买了一株千年健，我给它起名叫辣椒。”但她说不出最喜欢哪种植物，“虽然会偏爱某些，但是，嘿，咱们还是不要评判植物为好！”西奥，我理解你，在植物领域不需要做评判。

最后，我请西奥分享她的植物经验，她说：“家里最好有备用花盆。你永远不知道什么时候你会需要：猫把花盆打翻了，植物长得太快了需要换盆，或者像我一样不知什么时候带回家一株新的植物。”她说得有道理，有时候猫真的是很调皮，让人又爱又恨，生活不也是这样……

植物宝座

西奥打造了她自己的植物宝座。巨大的龟背竹和菲律宾扁叶芋的叶子之间是休息的最佳场所。19 世纪的灰泥墙和古老窗户相映成趣，沉郁的浅灰色墙壁为房间里众多植物的明亮绿叶提供了完美的背景。中世纪的家具与不同时代的家具混搭在一起，统一的自然色调让整体的感觉和谐舒适（下图）。我们可以看到的一些其他植物包括非洲天门冬和丝苇（上页下图），以及秋海棠和‘丛林之王’花烛（上图）。

①龟背竹　②菲律宾扁叶芋

植物架

厨房置物架是西奥最喜欢的植物空间，在这里能看到鳟鱼秋海棠、银斑葛、菲律宾扁叶芋、姬龟背（四籽崖角藤）。

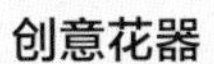

创意花器

我拍下了这个酷酷的花盆，种在里面的昙花让脑袋形状的花器有了头发！(左上图)

小玻璃容器里有一株镜面草，镜面草右边是一棵马达加斯加棕榈树。（ 右上图 ）

窗户旁摆放非常喜欢阳光的仙人掌和多肉植物。(左下图)

迷人的卧室

西奥的卧室布满绿植，一定能让人睡个安稳觉。床右侧的植物与室外的树木相互连接，模糊了室内外的界限。下图是床右侧植物的放大图，可以看到玉缀（翡翠景天）和叶蝉竹芋。

艺术与植物

锯齿昙花完美地再现了其背后的艺术作品中的植物主题。画作、雕塑和植物，三者相似的形状、色彩和线条形成丰富的层次。（右下图）

室内室外都有植物

家庭 苏菲·弗汤根和雅尼克·德·尼夫
地理位置 比利时 安特卫普

当说到比利时大家想到的第一件事一定是超级棒的巧克力。除了爱吃比利时的巧克力，我还特别喜欢它的安特卫普市。就是在这里，我遇到了可爱的植物爱好者苏菲和雅尼克，他们是一对情侣，都在比利时出生和长大。他们热爱植物、美食、家居设计，当然，这些都比不上他们对彼此的爱。当家里充满爱的时候，它会让你想要脱掉鞋子，窝在沙发上，只想永远呆在家里。

“照顾植物是如此令人满足，尤其是当它们奖励你一片新叶或一朵美丽的花时。”

在一座建于 1905 年的 186 平方米的联排别墅中，苏菲和雅尼克为自己和两只猫乔西和查理打造了这个绿色天堂。大房子让他们有充足的空间养很多的植物。

他们在 2018 年夏天买下房子，开始装修，一年后的 2019 年夏天终于完工并搬进新居。我问他们植物是否影响装修的决策，雅尼克说：“装修时我们会考虑两件事：为我们的猫和植物创造更多的空间，寻找新的方法将植物整合到不同的房间和光照条件中。”苏菲接着说：“我们在楼下露台旁边的房间里加了横梁和天窗，这样我们就可以设置悬挂植物和吊椅。”苏菲形容家的风格是“复古风、波西米亚风、斯堪的纳维亚的混搭，再加入很多绿色”。

在我的第一本书《植物风格 1 · 绿意空间：绿植软装设计与养护》中，我讲述了如何打造“植物宝座”。这对情侣将它提升到一个新的高度，甚至让我有点嫉妒。他们不仅选择了完美的椅子，还在椅子周围布置了完美的植物。

苏菲清楚地记得绿植之旅的起点：“我父母在家里养了大量丝兰，但也是仅此而已。对我影响最大的是我的祖父，他在梅瑟的植物园工作了一辈子。他在房子和花园里种满了各种各样的植物，并且知道所有这些植物的学名。每次我们去拜访他，他都会告诉我们他是多么喜欢在植物园工作。”对于雅尼克来说，他的绿植起点是父亲带回家的花束。他和父亲有着共同的最喜欢的植物：‘月光’蔓绿绒。

照顾植物是多么具有成就感的事，更不用说被植物环绕的美妙感觉。“植物把房子变成了家，这正是植物的妙处！辛苦工作一天后见到我的榕树，立马能让我忘掉疲劳，变得快乐，就像晚上躺在舒适的沙发上看电影一样令人舒心。”雅尼克说。

他们家最让我心动的一点是对细节的精心安排。在家里养植物是一回事，但完美地安置它们是另一回事。当走进卫生间时，我对他们如何让装饰元素与空间结构完美地融合在一起留下深刻的印象——木框镜子、淋浴间的鹅卵石墙壁、绿植……这些元素使室内如同野外一样生机盎然。苏菲说：“我们降低隔断墙的高度（而不是一直延伸到天花板），这样就可以在上面放置植物。”这样的精心构思在他们家随处可见。在每个房间里，他们都为植物找到了完美的安身场所。

我问他们在什么地方放置什么植物，是如何做出决策的，苏菲回答：“首先我会根据光照给植物选出几个合适的地方，然后尝试不同的方案，直到找到最满意的位置。比如我们的刺轴榈（卧室里圆形叶子的棕榈）放在任何地方都不协调，直到把它放在房间的隔断旁，才有了感觉。也可能这只是我个人的一种感觉。”

雅尼克最喜欢的房间是客厅，因为那里布置着陪伴他们最长时间的植物，而苏菲和我则更喜欢室内花房（058 ~ 059 页）。“它过去特别阴暗，然后我们把整面墙拆了，装了个大天窗。如今，这个空间挂满了悬挂植物，感觉就像一个迷你的热带雨林。这里也是享受晨起咖啡的完美地点，舒服地坐在吊椅上，绿植墙就在不远处。”我觉得这里是他们家植物风格的代表。

提到了室内花房，就不能不提到户外露台。苏菲和雅尼克的家真的是每一处都极具特点。室内花房和厨房相连的整面墙上设置了巨大的滑动玻璃门，玻璃门后便是户外露台（058 ~ 059 页），室内外完美地融合在一起。当我和苏菲讨论这个空间时，她满怀深情地说：“搬进来之后，我几乎每天都会到这里呆上一会儿。把所有的门都打开，在露台上喝上一杯，或者和在厨房做饭的雅尼克聊天，感觉非常好。我们正计划在露台上加一个小火炉，这样就算在寒冷的冬天也可以享受户外时光了。”

植物宝座

这个漂亮的吊椅是对植物宝座的终极阐释。置身于室内的植物之中，望向室外的庭院，感觉非常自在。最引人注意的植物是龟背竹和橡皮树，以及左边的琴叶榕。

①琴叶榕　②水晶花烛　③秋海棠
④姬龟背　⑤龙血树　⑥球兰
⑦绿萝　⑧龟背竹　⑨橡皮树

⑦
⑥
⑧
⑨

猫与植物

苏菲和雅尼克的猫查理正在沙发上休息，享受闲适的居家时光。她身后的复古边桌上，摆放着各种植物（从左到右）：花叶福禄桐、虎耳草、空气凤梨、干薰衣草，下层架子上是‘佛罗里达幽灵’蔓绿绒。

苏菲和雅尼克有两只猫，他们像爱护孩子一样爱护它们。对他们来说，确保猫咪也能享受空间和植物非常重要。雅尼克说：“植物对猫和对我们的影响是一样的。在一天的辛苦工作之后，植物提供了一种轻松的、充满爱的氛围，猫咪也每天无数次在完美的植物环境中打盹！”但是，想让宠物不破坏植物是个大难题。苏菲认为他们很幸运，乔西不怎么搭理植物，查理也只是偶尔地咬咬那些草本植物。虽然他们将功劳归结为两只猫咪又可爱又听话，但我知道，是因为他们非常了解植物知识，他们的猫咪才没有咬到有毒的植物遇到麻烦。

放松的生活

为餐厅里精心挑选的植物是龟背竹和天堂鸟（鹤望兰）。入户门的左边，一株小小的橡皮树在迎接你的到来，快乐的感受油然而生（上页左上图）！

①龟背竹　②天堂鸟

卧室 / 卫生间

如何让你的卫生间拥有更多的植物？苏菲和雅尼克降低卫生间隔断墙的高度，和屋顶之间留出空间，这样隔断墙成为绿植架，展示出线叶球兰和绿萝枝叶美丽的下垂线条。下页左上图和下图是好不容易才找到合适位置的刺轴榈。

①线叶球兰　②姬龟背　③锦叶绿萝　④空气凤梨　⑤蔓绿绒

“首先我会根据光照给植物选出几个合适的地方，然后会尝试不同的方案，直到找到最满意的位置。”

①三角大戟
②刺轴榈

苏菲和雅尼克拥有一家绿植店，就在离他们住所不远的地方，白天他们就在这家叫做“植物角”的店里度过。“我们从柏林（一个非常绿色的城市，每个人都热爱植物）搬到安特卫普后，我非常震惊，‘人人拥有植物’原来只是柏林的生活方式。所以，五年前我开了一个网店，出售空气凤梨，线上经营两年后，开了自己的线下绿植店。我们的店并不在为人所知的购物街上，我们的目标是让店铺本身成为城市地标。”苏菲回忆道。雅尼克接着说：“拥有一家绿植商店还意味着我们几乎每周都能了解‘新’植物，这真是一个非常鼓舞人心的工作。新的植物和新配色给我们设计自己家带来灵感。”

大家肯定会想：这不公平。他们拥有一家植物商店，他们那么专业，一定不会遇到关于植物的麻烦。但情况并非总是如此，我们都在和某种植物斗争。对苏菲来说，她很难搞定蕨类植物，而最让她伤脑筋的是白锦龟背竹：“白色的部分总是会变成棕色，尽管我没有给白色部分喷水，在两次浇水之间也一直让它保持干燥。”

最后，我问他们有没有什么值得和所有人分享的经验。雅尼克回答说：“拥有植物并不一定要花费很多钱，你可以从朋友的植物上摘一个枝条从零开始繁殖。”苏菲说：“植物确实能改变整个家的氛围。我们刚搬家的时候，先把所有的家具搬了过来，过了几天，一切都准备就绪，植物才搬进来。没有植物，房子感觉怪怪的，空荡荡的，只有植物来了才有‘家’的感觉。所以我的建议是：如果你家中还没有植物，快去买一些回家吧。”

养护

苏菲在给花叶福禄桐浇水。（上图）

锯齿昙花和高山榕迥然不同的叶子放在一起看起来很棒。（中图）

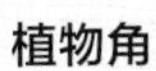

植物角

苏菲和雅尼克的植物商店是安特卫普市中心的一片绿洲。有几十个品种的植物，以及独特的花盆和悬挂花盆出售。墙上是空气凤梨，柜子的顶部和抽屉里面是鳟鱼秋海棠、姬龟背和仙洞龟背竹等。地板上左右两边是琴叶榕幼苗。

疗愈人心的绿色空间

家庭 杰西 · 马奎尔
地理位置 美国 伊利诺斯州 芝加哥

芝加哥是如此美丽，特别是春天和夏天——就像我们喜欢的植物一样，这个城市的美丽在一年的春夏之际全面地萌发和绽放。在芝加哥，杰西 · 马奎尔和丈夫布拉德还有他们的小狗凯文一起住在 120 平方米的公寓里，与他们相伴的还有 60 株植物。他们的公寓在“三套公寓”(芝加哥一栋据说只有三个单元的大楼)的顶层，位于整个街区的许多其他建筑和树木之上，所以他们的公寓里几乎全天都有极佳的光线。

①鸭脚木
② 花叶橡皮树
③龟背竹
①
②
③

“自从我用植物填满了我的家，并且花时间和它们互动，我的情绪有了明显的变化，不夸张地说，植物改变了我的生活。”

杰西对自己的家居风格是这样描述的：“一直在进化，有一点北欧风格，也有一点波西米亚风格和法式传统风格，这些都是我追求的。”我对“一直在进化”这个描述深有同感——我认为对于家居风格来说，保持新鲜感和进行新尝试十分重要。就像植物从一个季节到另一个季节在不停地生长和变化，对空间设计做一点改变是个不错的主意。杰西从工作中汲取布置家居的灵感：“我在一家酒店集团做营销经理，公司有一些活动空间，那些华丽的室内设计总是给我灵感。”

杰西将她的房子装饰成“丛林”的原因很简单：“我终于有窗户了！我们的老房子很可爱，但基本上就是个山洞，只有一扇窗户是敞亮的，其他的都对着别的大楼。所以当我们搬到这里的时候，我立即去买了一棵琴叶榕，虽然因为经验不足，它慢慢地死掉了，但我没有放弃努力。当我养活我的第一株植物，并看到它慢慢长大的时候，我就着了迷。现在植物已经成为我生活中不可缺少的部分。”

杰西在肯塔基州长大，“我们不仅有室内植物，并且是在花园里的室外植物中长大的。我妈妈就像一本植物百科全书，几乎知道所有植物的名字。虽然我小时候从未真正对植物产生兴趣，但我知道，它们就在我的身边，对我的潜意识产生深刻的影响。”我喜欢听人们描述与植物相遇的特别时刻，当灵光出现，人们终于迎来了将植物带到家中的契机。当这个契机出现时，光线就会涌入你的生命，你的生活和家开始发生不可思议的变化。杰西说：“和植物相处是我生活中最快乐的事情之一。这听起来很戏剧性，自从我用植物填满了我的家，并且花时间和它们互动，我的情绪有了明显的变化，不夸张地说，植物改变了我的生活。”

很多人都只是随便找一种喜欢的植物随意地将它们放在家中的某个角落，但其实学习植物知识非常重要。了解你喜欢的植物需要什么样的生长环境和养护水平，引进新的植物就开始变得有趣。你不再因为植物要死了而紧张，也不会像第一次把它们带回家时那么过度在意。对杰西来说，熟悉植物的习性，了解什么植物适合自己家中的环境，让她可以更自由地选择植物：“有时是偶尔在商店里看到我喜欢的植物，有时是因为对某种植物产生了兴趣主动寻找购买，有时是因为家里的某个地方需要某种特定的植物来装饰。这些都是我带回新植物的好理由。当我不再把植物看作是简单的装饰品，而把它们看作是有生命的东西时，一切都改变了。我根据植物的需要和每个房间的光线、温度等来布置植物。在满足植物生长条件的基础上，我就可以按照自己的想法来自由设计了。”

杰西花了很多时间照顾她的 60 个植物宝宝，而另一位女士在照看着她的一切，这位女士就是超级可爱的小狗凯文。是的，没错，凯文是位女士。透过毛茸茸的刘海，她向外张望着，支持妈妈照顾这些植物。我问杰西凯文和植物相处得如何，她说：“凯文是一位年长的女士，她对植物没有兴趣。我们和植物相处得很好。”

DIY 天才

将一根木杆用两根皮带悬挂起来，这是杰西悬挂植物的创意点子，植物包括（从左至右）绿萝、蟹爪兰、心叶绿萝、‘大理石女王’绿萝和‘巴西’心叶绿萝。（右下图）

茂盛的琴叶榕和龟背竹享受着从大窗户透进来的阳光。（下页图）

①海芋 ②琴叶榕 ③龟背竹 ④叶蝉竹芋 ⑤绿萝 ⑥白鹤芋

杰西想出了很多 DIY 绿植装饰的方法。她在窗户上面用木杆和皮带做了横梁，将植物悬挂在上面，就像有生命的窗帘。客厅的吧台角落也布置得趣味盎然（072 页下图），是时尚与传统，艺术与植物的完美结合。

窗户对面的绿植架也是杰西亲手做的，透过这扇窗会有足够多的光线进入房间。漂亮的小花盆里种着各种各样的小植物，为角落增添了一抹亮色。杰西喜欢这片区域："这里植物最多，我们花的时间也最多。拥有一整面墙的植物真是太幸福了。"

一旦你成为一名专门的植物家长，你就会开始想要学习一些技能和技巧，使你和你的植物宝宝生活得更加愉快。当我问她在过去几年里学到了什么，杰西回答说："植物是有生命的东西，需要大量的关注和互动才能茁壮成长。我在 Ins 上最常被问到的问题是'你是怎样保证不忘记给所有植物浇水的？'人们这样问，可能是因为浇水是照顾植物的工作中最烦琐的一项，事实也确实如此！我每周花几个小时浇水、和它们聊天、换盆、剪枝，但我喜欢每一分钟与植物相处的时光。很多人错误地认为，他们带回一棵植物，这棵植物就需要适应他们的生活方式。但是，如果想让你的植物生长地更好，你需要更多地了解和满足植物的需要！"

绿植架

杰西打造了这个绿植架，充分利用窗户的采光。窗前对于翡翠珠和芦荟这类喜光的植物来说是完美的场所（上图）。在客厅里的有些阴暗的霓虹灯吧台上从左至右放置了大仙女海芋、绿萝、绿玉树（光棍树）和海芋（下图）。

厨房的攀登者

杰西找到了在厨房里最大化植物空间的方法：悬挂花盆。叶子形态丰富的攀缘植物，如‘巴西’心叶绿萝、翡翠珠和‘大理石皇后’绿萝等，围绕着厨房，营造出一种丛林的氛围。

极简风卧室

精心选择的植物在明亮的卧室里创造出宁静的氛围和视觉焦点。羽叶蔓绿绒依偎在两扇窗户之间，心叶绿萝深绿色的叶子垂坠而下。

①羽叶蔓绿绒　②心叶绿萝
②
①

丛林 LOFT

家庭 阿戴琳 · 杜查拉
地理位置 美国 宾夕法尼亚州 费城

阿戴琳 · 杜查拉的家位于费城的一个美丽阁楼公寓里，这是一个由绿植定义的空间，虽然只有 70 平方米，但创造性地安置了 117 株植物——阿戴琳称呼它们为“植物小孩”，这真的让人惊叹不已。阿戴琳怀着父母才会有的温柔和欣喜来照顾这些植物。在阿戴琳家里，虽然不是自己家，但我感到非常自在，还有一种少有的兴奋的感觉。

①花叶橡皮树　②大叶银斑葛　③橡皮树

“很小的时候我就对植物非常着迷，随着慢慢长大，我开始关注它们如何为生活和家庭增添积极、美妙的能量。”

大窗户、裸露的砖墙、高高的天花板、硬木地板，这些自然元素吸引阿戴琳来到这间公寓，在这里她可以创造一个属于她的独特植物空间。

当被问及如何描述自己的家居风格时，阿戴琳回答说：“我的公寓像一个现代的工业空间，我不确定这是否算一种风格。我在搁板和重点部分添加大量的绿植和木质元素来软化工业风的坚硬线条。我希望我的家明亮和开放，同时又温暖、舒适和安宁。另外，我一直很喜欢美国西南部的风情，从那里的自然风景中可以获得很多灵感。这些审美喜好共同影响了我的家居空间。”“舒适的家”是阿戴琳一直以来的追求，这影响着她对家居空间的风格设计。

说起来简单，但能够创造出一个不让人感觉杂乱和突兀的植物空间需要艺术的天赋。你需要有一双敏锐的眼睛，不仅要知道植物放在空间里的哪个位置看起来更协调，而且还要知道植物之间怎么搭配叠加效果会更好。作为一名摄影师，阿戴琳花了多年时间培养她的品位：“我喜欢拍摄自然，对家居设计有一种天生的热情，拥有自己的审美品位。起初我是一名造型师，现在是一名场景创意摄影师，这让我有能力把控自己的风格，对家居装饰也有自己的认识。经常拍摄室内设计、家居产品和植物，激发了我装饰自己家的兴趣，我将自己的家当成要拍摄的场景一样精心布置，不断尝试新的装饰方法。”

在过去的5年里，阿戴琳不断地将植物带回家，特别是在过去的两年半里，频率越来越高。一个只有几棵植物的人成为“室内丛林”发烧友往往源于某个特殊的契机。对我来说，搬到新奥尔良点燃了我的热情。而阿戴琳对植物的热情，是从小开始慢慢加深的：“现在的家有足够的空间和光照，我能够引入更多的植物。我一直对大自然有着无限的爱，和它保持着深深的联系。我妈妈一直栽种室内植物，并拥有一个室外花园，她非常享受照料植物的快乐。而祖母是对我的植物爱好影响最大的人。她种了很多的室内植物，漂亮的花园里有各种盆栽植物。小时候，每隔四年左右就会搬家，因此我从来没有能够在居住过的任何地方建立一种‘家’的感觉。但从七岁开始，我和哥哥会在纽约北部的卡尤加湖畔的祖父母的家里度过整个夏天，我们流连在树林里、湖面上、峡谷里，这成为我生命中唯一延续的事。在城市里，周围没有那么多的自然植物——我非常怀念那段与自然相处的日子。所以，我在家里建了一个小温室！”

①龟背竹　②大叶银斑葛　③球兰　④花叶橡皮树

建造自己的温室是个很棒的主意，但首先要了解什么类型的植物能在你家中茁壮成长，以及该如何照顾它们。对于购买新植物，你必须要有事前的计划。阿戴琳说：“当我购买新植物时，我会感受到有些植物在‘召唤’我。我知道这听起来很傻，但你真的会毫无理由地被某些植物吸引，然后无法想象没有它们的生活！尽管如此，当我看到一株喜欢的植物，我总是先过一遍问题清单：这种植物会长到多大（如果你购买时它还很小）？我家里有这种植物现在或者长大以后所需要的空间吗？家里有它需要的光照条件吗? 如果不能为一株植物提供正确的光照和养护环境，那就没有理由把它带回家——否则将以悲剧告终。我的客厅光线充足，早晨是明亮的直射光，其余时间是散射光。我的天花板很高，所以不用太担心植物的高度。但是，我的卧室和卫生间相当黑暗。我的卧室里有一棵虎尾兰，两棵雪铁芋，还有一棵适应弱光的绿萝，从门口和天窗进来的光线对他们来说足够了。如果我能对所有这些问题说‘是’—— 不仅有足够的空间，还可以提供正确的养护环境，下一步我就会考虑美观度。比如，当我给客厅的两个空角落选择植物时，我会挑选一种适应这个空间高度的大型植物，并且要能够增加空间的戏剧感，此外还要容易养护，天堂鸟（鹤望兰）就是符合这些条件的完美植物！当我为家里的特定区域购买植物时，我会首先考虑这种植物现在的大小以及长大后的样子。但有时你只需要大胆地把跟你说话的植物带回家！”

绿色生活与工作

阿戴琳的工作间绝不枯燥，大叶银斑葛占据了整个砖墙墙面。这种美丽的植物不仅养护简单，而且长得超快。（079 页图）

公寓有着高高的天花板，可以养一些大型植物，天堂鸟（鹤望兰）、悬垂千里、空气凤梨，还有球兰都在架子上茁壮成长。（右图）

丛林客厅

阿戴琳的客厅早晨有来自东向的直射光，其他时间也有明亮的散射光——这是许多植物理想的生长环境，架子上是仙洞龟背竹和银斑葛（082 页左图），一棵巨大的龟背竹在沙发上留下了精致的投影（上图）。

是的，植物会说话：它们通过生长的方式、叶子聚集的方式向你传达信息。如果它们颜色鲜艳、充满活力，说明它们很快乐，生活得很好，如果它们开始褪色或变成黄色、棕色，那就肯定出了问题。作为植物的父母，理解这一点很重要。

对于父母来说，要选出最喜欢的孩子从来都不是一件容易的事。阿戴琳说：“我爱它们所有。但如果让我选一个最喜欢的，我会选龟背竹。因为它们在合适的光照下生长速度相当快，真是令人惊叹！当你走进房间的时候，它们是一种让你‘哇哦’的植物。除了龟背竹，我也喜欢玉树和悬垂千里。它们是如此独特，而且很容易照顾，唯一要记住的是不要过多浇水。我祖母非常喜欢养蕨类植物，我对蕨类植物也心有所属，觉得它们很特别，但没有养太多，因为它们有点娇气，很难照顾，不过也因为这样，它们有种娇柔的美感。还有，我对任何蔓生植物都很痴迷，那些家伙美爆了！我有非常多的星点藤和大叶银斑葛，大部分都是我自己分株繁殖的。它们很酷，而且非常容易照顾和繁殖。有一天，我的一株大叶银斑葛决定去砖墙上生长，于是它很快就占领了整面墙！”

照片墙

阿戴琳在照片墙上布置了引人注目的鹿角蕨，将这种粗犷的植物变成了抽象的不断生长的艺术作品，加上生长在草编花盆里的橡皮树，和白色陶瓷花盆里带刺的芦荟，共同构成了一幅美丽的画面。

“在我成长的过程中，大自然对我的影响是如此之大，它总是给我一种家的感觉。把植物带回家，是我连接内心与自然的途径。”

开放式厨房

阿戴琳的公寓展示了如何优化开放式的空间。白色的厨房岛台将客厅与厨房分隔开来，厨房和客厅都能接收到充沛的光线。能充分利用空间的悬挂植物非常适合城市里的厨房——它们会在水蒸气和温暖中茁壮成长。阿戴琳的仙洞龟背竹和银斑葛美丽的叶子悬垂而下，白色的橱柜为绿植提供了纯净的背景。

①天堂鸟 ②银斑葛 ③鹿角蕨 ④羽叶蔓绿绒 ⑤仙洞龟背竹

枝繁叶茂

植物们都活得很好，美丽又健康。多肉和仙人掌在明亮的阳光下茁壮成长（上图），巨大的海芋和羽叶蔓绿绒郁郁葱葱（下图）。

阿戴琳真正让我羡慕的，不是在室内拥有这么多植物，而是有机会在户外种植它们。阿戴琳说："我很幸运，有一个珍贵的露台。当春夏天气变暖时，我把很多植物搬到露台上，并种上一些花。这里是我们的世外桃源。在户外呼吸新鲜空气，被植物和花朵包围，我有时会忘记是在城市里，感觉就像身处丛林绿洲一般！"

有人会认为，将植物搬进搬出非常麻烦。阿戴琳说："其实没有想象得那么困难，除非你因为疏于检查而将其他的小动物带回室内！有一年夏天，我忘了检查植物的土壤，也忘了喷洒杀虫剂，到了秋天，我的屋里出现了一小群蜘蛛。我会定期检查我的植物是否有虫子，并确保它们有足够的生长空间。另外，植物处于室内和室外时，需要不同的浇水量，如多肉、仙人掌或者热带植物——它们暴露在室外阳光下时会需要大量的水，而在室内时需水量要小得多，这一点非常重要。我还会留意植物在露台上时得到了多少光照，这决定了将它们移回室内时放在哪里。比如，如果它们在外面时有充足的光照，当秋冬搬回室内时，我会把它们放在公寓里阳光比较充足的地方，尽量保持环境的一致。"

我问阿戴琳这几年里学到的最重要的经验是什么，她说："对于你的家中能养什么植物，一定要现实一点，要清晰地了解植物需要怎样的养护。将任何一株植物带回家之前，我都会对它们做一番仔细的研究，了解它们需要多大的浇水量，需要什么样的土壤和光照，这让后续的事情变得更简单。过度浇水是我在开始植物之旅时犯过的错误，因为不懂不同的植物有不同的需水量，导致我的很多植物都生存艰难。一旦你了解了植物的需求，就会与它们建立深层次的连接！"

我喜欢从"植友"口中听到这类对植物的热情和理解。对我来说，和植物建立联系改变了我的一生。阿戴琳说："说真的，我无法想象家里没有植物——它们给我带来了这么多欢乐和幸福。我的绿植空间不仅能激发我的灵感，而且唤起我内心的平静。当我走进我的家时，立刻会感到放松，我喜欢深呼吸和放松的感觉。对于我来说，照顾植物是一种特别的劳作，是一种冥想，让我重新集中注意力。"

露台

阿戴琳的露台是一个阳光充足的地方，夏天阿戴琳让植物们在这里尽情生长，冬天则搬回室内。透过天堂鸟（鹤望兰）的叶子，我们可以看到左边的仙人掌和咖啡桌上的一盆多肉。

低光照家庭的绿植策略

家庭 玛丽莎·麦克林多弗和库罗·伯纳乌
地理位置 西班牙 卡泰罗尼亚 巴塞罗那

我喜欢绿植，希望通过绿植的装饰使家中既有现代感又绿意盎然。我很自豪能找到帮助植物凹造型的神奇花盆。花盆就是植物的服装——让植物更好地展示它们的形状、颜色、纹理和个性。有一段时间，我迷上了类似20世纪50年代建筑的陶艺花器。我的一位建筑师朋友努妮·瑞提格给我介绍了她的朋友玛丽莎，一位住在美丽的巴塞罗那的陶瓷艺术家，我在网上看到了她制作的令人惊叹的花盆，就很想拥有一个。这个愿望直到听从了努妮的建议去拜访玛丽莎的家才得以实现。玛丽莎和丈夫库罗，以及三只猫佩佩、品吉和伊内斯，还有他们许许多多的植物朋友住在一起。

“我们都热爱户外活动，每时每刻都希望和自然建立联系，而家里的植物给了我们身处野外的感觉。”

库罗和玛丽莎大约两年前买下了他们的公寓。玛丽莎说：“整栋房子建于20世纪30年代末，我们不确定它最初的用途——可能是住房、车间或仓库。”公寓的室内空间大约只有70平方米，但室外空间神奇地达到了74平方米。走进这栋房子时，首先会进入一个连接四个空间单元的线性公共中庭。中庭覆盖着磨砂玻璃，可以过滤白天进入空间的直射光。居民们在这里种植植物，使公共空间变得郁郁葱葱，充满热情。进入玛丽莎的公寓，马上能感受到浓浓的地中海风情。温暖而充满活力的颜色、各种抽象的纹理和形状充满整个空间。连接两个房间的拱门、斯堪的纳维亚的灯具、裸砖墙上装饰着的古拙的藤编动物头颅、玛丽莎制作的美丽陶瓷花盆，这些有趣的元素共同形成浓浓的艺术氛围。玛丽莎形容他们的家是“充满艺术气息的都市玛西亚（玛西亚是西班牙加泰罗尼亚地区的一种农舍）”。玛丽莎说：“我是一名陶艺家，而库罗是一名电影制作人，我们都搞艺术，但风格明显不同，在家居设计中将我们两个的风格结合起来是个有趣的挑战。”

没想到的是，当我进入他们的公寓，发现光线出奇的微弱。很少的几扇窗户朝向天井和中庭，因此，更多地引入户外元素的方式是用木地板、木家具、编织地毯、艺术品和植物等自然元素填充空间。在低到中等光照下，他们家里到处都是酒瓶兰、虎尾兰和雪铁芋。

玛丽莎说：“搬到这里，对我们来说是个考验，因为我们的上一套公寓光线很好。我们做了很多研究，并经常向植物专家朋友请教，什么植物最适合我们不太明亮的空间。我们将植物带回家，然后观察它，如果它不满意，就把它移到更明亮的区域。这里的气候非常温和，如果植物不喜欢室内的环境，我们有很多明亮又温暖的户外空间。”

我问玛丽莎他们照料了多少植物，她说：“几百棵。”我看见他们的窗台和墙壁上，以及天井和露台的每个角落全是植物，虽然没有数，但相信她说的没错。“从搬进来的那一天起，我们就不断把植物带回家。我们每年都会租一辆货车，沿着海岸开到我们最喜欢的苗圃 vivero（西班牙语），装满一车的植物运回家。我们的上一套公寓只有一个小阳台，这套公寓有更多户外空间，但都是铺砌过的。所以当务之急是用绿色填满它！我们俩都热爱户外，渴望与大自然建立联系，而家里的植物给了我们身处野外的感觉。”库罗告诉我，他从小生长在一个有室内植物的家庭，但绝对没有现在这么多。玛丽莎小时候的家室内植物比较少，但有很多大窗户，窗外绿树环绕。

①马达加斯加茉莉
②锦叶绿萝
③龙血树
④吊兰
①
②
③
④

绿植爬上墙壁

院子右边的墙上是吊兰、波士顿蕨和‘巴西’心叶蔓绿绒。（下页图）

库罗正在给马达加斯加茉莉喷水。（左图）

一只猫躲在酒瓶兰后面。（右图）

住在巴塞罗那的好处是，一年四季都有温和的天气。这意味着冬天来临时，你几乎不需要把室外的植物搬到室内。对于玛丽莎和库罗来说，这很重要，因为他们把天井和露台当作客厅和餐厅的延伸，而他们购买的植物也大多适合户外空间。对他们来说，购买植物很简单："通常都是一见钟情。一旦我们把植物带回家，我们就能找地方安置它。但也有些时候，我们会针对特定的空间寻找合适的植物，确保找到的植物能够适应这个空间的光线条件。"

艺术家的家

美丽的绘画、版画和雕塑装饰着玛丽莎和库罗的家。室内光线很暗，但龙血树这样的耐阴植物生长良好。

闪闪发光的手工陶罐

玛丽莎的手工陶罐是吸引我拜访她家的最主要原因。它们色彩明亮、棱角分明、富有雕塑感，非常适合种植可爱的植物。下图中可以看到下沉式天井，这是将植物引入室内的好方法。

玛丽莎和库罗拥有这么多植物，但从来没觉得有必要给它们命名，也不承认自己有最喜欢的一种，但玛丽莎说："说实话，库罗对酒瓶兰有一种偏爱，尤其是他从垃圾堆里捡回来的那棵。"不得不说，一个人的"垃圾酒瓶兰"是另一个人的"宝贝酒瓶兰"。

呆在他们家里会感觉很放松。我最喜欢他们的餐厅，但玛丽莎最喜欢的是下沉式天井，她说："我们的下沉式天井尽管在屋外，但几乎从室内的每个房间都能看到。它让整个房子变得充满绿色。"她说得对，下沉式天井是库罗和玛丽莎为自己和他们的三只猫咪创造的特殊绿洲，是室内室外的过渡。屋外有太多的精彩吸引你的目光。仔细看，你可能会发现有只猫正盯着你。

当我问他们从照顾植物中学到了什么，玛丽莎说："即使没有阳光充足的空间，也能种植植物。虎尾兰和蔓绿绒就是非常耐阴的植物，它们在昏暗的散射光下也会开心地生长，而且它们有着像雕塑一样的好看外形。探索有哪些更合适你家的植物是件非常有趣的事。"

①橄榄树　②三角大戟　③非洲霸王树
④苏铁　⑤芦荟　⑥红太古仙人掌　⑦油橄榄

室外空间

得益于全年明亮的光线和温和的天气，天井和露台成为数百株植物的完美家园。左下图是我最喜欢的橄榄树和三角大戟。左上图是玛丽莎手工制作的花盆，里面生长着一些可爱的多肉植物。

植物给家注入生命之光

家庭 拉提莎 · 卡尔森
地理位置 美国 新墨西哥州 阿尔伯克基

当我还是个孩子的时候，对新墨西哥一无所知，还天真地认为那里的沙漠里唯一的生物是兔八哥卡通里的走鹃。老实说，就在不久前，在地图上我还找不出新墨西哥的位置。但在去过那里之后，我有很多的故事想告诉大家。在新墨西哥，我拜访了阿尔伯克基镇拉提莎（蒂什）和她的丈夫马特的家，他们的家庭成员还有双胞胎女儿奥黛丽和凯尔西，儿子格瑞森，和我最喜欢的金贵犬（金毛和贵宾的后代）柠檬。他们住在一栋 186 平方米的砖砌房子里，房子建于 20 世纪 50 年代，在过去的 9 年里被不断翻新。自从搬进来以后，他们就一直在努力营造更好的氛围——蒂什很享受更新室内风格的过程。

“我熟悉每个房间的光线、宽度和高度，我会根据植物的习性、颜色、纹理，将它们添加在合适的地方。”

蒂什将她的风格描述为波西米亚风格、中世纪风格、美国西南风格的混合。

“美国西南风格在这里似乎比在其他任何地方都更受欢迎。”蒂什熟谙营造氛围之道，并且具有将不同风格结合在一起的审美品位和创造力：“家居设计是项创造性的工作。我是一名摄影师、店主、创意总监、产品设计师、室内设计师。我从多方面受到启发，通过自己的双手在家里以不同的方式来实现这些启发，这是有意义的。”

蒂什照顾了大约150株植物。不像我，她不会给她的植物起名字，要记150个名字可不太容易。她只是称它们为植物宝宝。屋外是沙漠，屋内却是丛林绿洲。

当我问蒂什和植物一起生活了多久，她说：“有趣的是，几年前我开始种植一些植物，结果把它们都弄死了。不甘心的我又试了一次，但它们又被我养死了。马特告诉我不要再买了。过了几年，我们住进了在亚利桑那州的小房子（我们在那里住了一年），我开始给那所房子填满植物。这次，许多植物都活了下来。所以当我们搬回新墨西哥的家时，我们把亚利桑那州的所有植物都带了过来，并开始添加越来越多的植物。作为一名与严重的焦虑和抑郁斗争的人，我深深了解植物能给人带来的治愈效果。我开始用植物取代家中的装饰。对我来说，与植物相处能让自己变得平静，照顾植物不像世间的其他事情那么匆忙。”这就是绿植的力量吧！年轻的时候，蒂什记得妈妈花费许多时间来打理室外花园，但有趣的是，她家所有的室内植物都是假的，蒂什说：“在过去的几年，我鼓励妈妈用真的植物替换掉所有假植物，她也慢慢爱上了室内绿植。”当我还是个孩子的时候，我的母亲也在房子里装饰假植物，我的祖母为了遮尘，用布和塑料膜覆盖了所有的客厅家具——这是另一个故事了。

蒂什给家中的每个房间都赋予不同的个性和主题，但在颜色和调性上保持一致，都是西南风格。她的客厅非常美，有拱形天花板、真皮沙发和郁郁葱葱的植物。每个孩子的房间都充满创意和魅力。但是我最喜欢的房间是她的客厅，这是进入家中的第一个空间，印花壁纸是家里色彩最丰富的元素，家具的尺寸比一般的要庞大一些，非常引人注目。

客厅的装饰是经过深思熟虑的，让身处其中的客人身心放松。因为光线不够充足，所以蒂什用一棵巨大的羽叶蔓绿绒点缀空间，竹编圆凳上放了怪兽图案的坐垫，增添生活气息。我喜欢和其他植物爱好者聊天，讨论他们种植什么类型的植物，如何选择种植空间。关于这点，蒂什说：“我熟悉每个房间的光线、宽度和高度，我会根据植物的习性、颜色、纹理，将它们添加在合适的地方。”这是正确的做法，首先考虑植物的习性，这样做你会找到它在你家里的正确位置。

有大窗户的玄关

蒂什家的玄关有一扇拱形的大窗户，就像一幅美丽的静物画。我喜欢这个角落的自然肌理：毛茸茸的垫子、质朴的陶瓷花瓶、高大的虎尾兰。（上图）

绿植壁纸模糊了室内外的界限，与右侧的三角大戟形成呼应。（右下图）

客厅丛林

客厅里的植物营造出一种郁郁葱葱的氛围，从左到右分别是龟背竹、海芋、鹿角蕨、‘粉红公主’蔓绿绒、琴叶榕、‘花叶’厄立特里亚大戟、龙血树和一棵橡皮树。

"植物带给了我生命的活力。"

当我与蒂什一家人聊起植物养护的故事时，蒂什是这样分享她的经验的："我经常听到人们说'我把植物都养死了，所以我不想再养了'或者'我真的很喜欢植物，但我没有信心能养活它们'。我的建议是大胆尝试！不要让那些被你养死的植物成为障碍，也不要让维持生命的担忧阻止你添加植物。找一家喜欢的植物商店，问一些问题，做一些功课，从一种简单的植物开始，学会一种植物的养护后，再慢慢添加更多的植物。在我的房子变成丛林之前，我也养死了许多植物，但现在我甚至拥有了一家植物商店。植物肯定会提升家居的幸福感，所以找到适合你和你家的植物吧。"

西南风格的手工艺品

在蒂什家里，手工制品的粗糙纹理与植物明亮光滑的绿色叶子形成对比。龟背竹是餐厅里的王者。（左图）

辐叶鹅掌柴悬挂在水池上方。（右图）

上页左图中我们可以看到羽叶蔓绿绒和金贵犬柠檬。

我非常喜欢蒂什的想法，但还要加上一个小小的建议：我们都养死过植物，这不是什么大事，但也不要因为想让家里布满绿植而让“养死植物”成为常事。植物也是生物，应该被当作生命来对待。如果你感到有点紧张或不确定是否能养活植物，最好的办法就是按照蒂什说的，购买前做好功课：明确你家中有什么样的光线，研究在这种光线下哪种植物能茁壮成长。记住，那株植物并没有要求你带它回家。它在苗圃或植物商店里过着完美的幸福生活。如果你决定要带它回家，让它成为你生活的一部分，就要负起照顾它的责任，把它当作家庭的成员来对待。

卧室和卫生间

在床上方设置绿植架是摆放卧室绿植的好方法，蔓生植物，如绿萝、鹿角蕨和空气凤梨都是完美选择。（右上图）

橡皮树在窗户旁的明亮光线下茁壮成长。（左上图）

波士顿蕨和虎尾兰喜欢卫生间等潮湿的地方。（右下图）

趣味儿童房

蒂什家的儿童房里，植物与有趣的艺术品相得益彰。左上图是橡皮树和龟背竹，左下图是种植在花盆里的羽叶蔓绿绒，右上图床的上方是心叶蔓绿绒，右下图是龙血树和雪铁芋。

极简风格的植物装饰

家庭 乔尔·伯恩斯坦
地理位置 英国伦敦 基尔伯恩

混凝土墙上贴着翠绿色的瓷砖，绿色的小火炉上放置着粉色和绿色的合果芋，和对面椅子上抱枕的颜色形成呼应。家居空间的设计和细节刻画展示了主人的形象，这就是策展人乔尔·伯恩斯坦的家的神奇之处。在伦敦基尔伯恩的美丽小屋里，乔尔为自己策划了一个独特的空间。

①酒瓶兰
②波叶鸟巢蕨
③兰花

“乔尔的家不是只能欣赏的博物馆，他也不希望它被这样对待——他希望它的每一个部分都被探索、触摸和体验。”

乔尔在南非开普敦长大，临海而居的经历对乔尔的审美产生了巨大的影响，他在伦敦西北部的家就是最好的证明。和大多数英国人不一样，乔尔的装修风格是舒适明亮的。当我请他描述他家的风格时，他形容他的家是“有触感的、柔和的、色彩丰富的、手工的”，他还强调自己“总是把舒适放在首位”。

当在乔尔家中四处走动时，真正让你震撼的是乔尔将空间变成艺术品的热情。他喜欢收集手工制品和天然形成的事物，这些美丽的物品在他的家里随处可见。

正如人们所说，万物各有其位、各得其所。这对乔尔带回家的植物来说一点没错。虽然在艺术装饰品上，他是一个极繁主义者，但在植物方面，他显然是一个极简主义者。虽然在室外花园种了数百种植物，但只选择了 20 多种室内植物，恰到好处地给合适的地方带来一些绿意，这对植物来说是最有意义的。乔尔明白质量要比数量更重要。

对乔尔来说，生活中有植物是件再自然不过的事，虽然成长过程中没有室内绿植陪伴，但却是被美丽的花园环绕着长大。

他告诉我，以前家里有很多植物，但现在除了只能在室内才能存活的，大部分都搬到了户外。

乔尔主要是去专门的苗圃采购，他有一个室内植物的愿望清单，其中有许多相当罕见的植物。乔尔喜欢这些少见的植物并不因为它们稀有，而是因为他特别喜欢一种植物不同于其他植物的“惊喜元素”——他不喜欢过度热门的植物。乔尔一直在寻找管状大戟，但他说在英国很难遇到这种植物。

乔尔的家里有那么多让人惊喜的房间，我被他家的一切深深吸引，脸上总是挂着傻笑。或许这就是我想要的理想的家，我为已经得到它的人感到高兴。乔尔的客厅有高高的天花板、刷白的木地板、漂亮的天窗、许多绿植，一切都是我理想中的——在他的客厅里，我找到了真正的平静。

对乔尔来说，他最喜欢的房间是他在原有住宅上扩建的现代厨房，这里曾是一间维多利亚风格的艺术家的工作室。他希望厨房与原始建筑保持一致，但要有一种森林小屋的感觉。

“我喜欢来自稀有植物的‘惊喜元素’。我不喜欢过度热门的植物。”

光线充足的客厅

乔尔的家是植物爱好者的梦想，因为大窗户和天窗能透入大量光线。很难让人相信，拍摄这些照片时，外面正在下雨，而屋子里依然非常明亮。大多数人会尽可能多地在这样的房间里摆放植物。但乔尔不同——就像他家里的其他装饰品一样，他的植物都经过了精心的挑选和处理。大株的波叶鸟巢蕨、酒瓶兰和文竹，所有植物都种在存在感十足的花盆中，营造出一种精致的氛围。

花园与室内

通往花园的大型对开门提供了一扇眺望葱郁绿植的观景窗。在两张舒适的椅子之间，垂蕾树展开了柔软的叶子。整个色调和布局的简洁性展示了乔尔·伯恩斯坦的形象。

夏天，乔尔的大部分时间都是和络绎不绝的朋友们在厨房里度过的。整个夏天他都喜欢坐在餐桌旁，敞开对着花园的厨房门，感受自然。他说他以前整夜开着门，直到一天晚上一只野生狐狸跑了进来，他才停止那么做！

①夏威夷棕榈 ②姬龟背

厨房

得益于巨大的天窗和通往花园的门，乔尔的厨房是一个令人心情舒畅的空间。餐桌上只放了小小的含羞草和玉树，对面的台面上放着一棵罕见而美丽的夏威夷棕榈。

小奇迹
——小面积家居空间的绿植装饰

家庭 惠特尼 · 利 · 莫里斯和亚当 · 温克尔曼
地理位置 美国 加利福尼亚州 威尼斯

在所有的小面积家居空间的家庭里，住在运河小屋的家庭可以说是最幸运的。这座可爱的美国工匠风格的一居室小屋坐落在威尼斯运河附近，是惠特尼和亚当，以及他们 3 岁的儿子韦斯特，两只小狗斯坦利和索菲的家。是的，2 个成年人，1 个小孩和 2 只中等大小的狗一起住在一个不到 37 平方米的房子里。我很好奇他们是怎么做到的，但在拜访他们之后，我完全理解了。他们的家虽然小，却充满了爱。如果你也像他们爱彼此一样爱你身边的人，共享一个小空间就会变得很容易。

“就我个人而言，植物有一种与大地连接的能力，让我觉得房子是完整的。”

对这个家庭来说，即使居住在很小面积的房子里也没有多大的困扰，很大的一个原因是，房主惠特尼有份特殊的工作，惠特尼这样描述她的工作：“我是一名小空间住房的生活顾问和博主，我在我们的小房子里经营我的生意。因此，我们的私人空间和我的工作 24 小时都是重叠的。这有好处也有坏处。”

当我去拜访惠特尼一家的时候，我被他们在家里精心编排的“行动舞蹈”惊呆了。一个人走到这里腾出空间，另一个人才能走到那里。这就是为什么惠特尼将自己的家居风格描述为“简单但不极简，自然，多功能”。当生活在这么小的空间里，每件物品都必须有用途，否则就不应该存在。

在这么小的空间里，绿植不得不向外延伸到他们的户外空间。惠特尼说：“在室内，我们通常保持 12 株左右的绿植。我们的户外空间也很小，但大约有 90 株植物分布在花园、门廊和走廊上。想让家有生命和脉动，还有什么比引入植物更好的方式呢！但对一个小房子或公寓来说，只要放入一点东西就会让人感觉杂乱——尤其是在像我们这样的生活、工作、娱乐同处一室的家庭。大多数情况下，我们在布置植物时都选择垂直摆放：把它们挂在墙壁上、高处，有时甚至挂在天花板上的横梁上。我们还将一棵超大的杂色橡皮树放在的厨房操作台上。这不仅是漂亮的植物装饰，也是遮挡我们对着邻居家永远敞开着的厨房窗户的隐私屏障。如果没有植物，房子会让人感觉毫无生气且萧条。下雨的时候，我会把室内的植物全部搬到室外集体沐浴，当它们缺席的时候，室内的温暖和个性就会被明显削弱。”

当我问她是否是在植物的陪伴下长大的，她高兴地回答道：“是的，以至于几十年后，我仍然怀念小时候的植物。我在北佛罗里达长大，生长在长满西班牙苔藓的橡树下（因此我们的房间里有苔藓盆景），周围是绵延不绝的绿地和水体。我的父母通过一个中庭将周围的绿色生命引入室内。中庭里到处都是绿植、树木和盆栽。”这样的生活环境可能会让很多年轻人惊奇，但当你成年后，就会理解它的好处。对我来说，直到 34 岁才意识到把绿植带进室内的乐趣。而惠特尼显然比我更早地发现这点，她是这样说的：“我十年前就开始享受家中有绿植的生活，从那时起就开始把绿植纳入我的家居空间。随着我们家更加注重环保，我们很少用人工装饰品，而是用更多的植物来装扮家居。我们还开始堆肥，将枯叶和修剪下来的碎枝叶装入大玻璃容器里，为户外植物创造肥沃的土壤。这是我们在这个紧凑的空间中尽可能减少浪费，支持再生循环的一个小小的方法。”

斑叶植物

无论是冰箱旁的花叶橡皮树，起居室的常春藤和花叶薜荔，还是书桌上惠特尼最喜欢的合果芋，惠特尼家的植物大多是斑驳的白色和绿色。

虽然惠特尼找到了适合自己家庭的小空间的生活方式，并帮助指导其他小房子的家庭更好地生活，但我很想知道他们的儿子韦斯特和室内外植物之间的关系是怎样的。作为一个还没有孩子的人，我有时会担忧一个孩子对我的植物家族会产生什么影响。我听说过一些可怕的故事，朋友的孩子一怒之下把植物的枝条扯下来，或者趁父母不注意的时候往花盆里倒水，以为自己是在帮忙，结果却把植物浇死了。惠特尼说："韦斯特很喜欢园艺，他喜欢观察树叶、水果、蔬菜、香草和花朵的生长。他经常要求给室内和室外的植物浇水，他甚至有一件每次干活前都要穿上的园艺围裙。但他难以抗拒我们的床上挂着的藤蔓，偶尔他会跳起来高兴地拉扯它们。当然，他并不是要伤害植物，我想他只是因为自己能跳得那么高，能够到植物而兴奋。我相信他这种兴奋劲儿很快就会过去。希望在未来，他能继续从系上围裙照顾植物中得到乐趣。"

我见过了很多植物爱好者，发现人们常常喜欢收集某类具有同一特征的植物。在亚当和惠特尼的家里，他们带回来的大部分室内植物似乎都是斑叶品种。当我问惠特尼这个问题时，她说："我们的客厅里充满了色调柔和的纹理，所以我喜欢用斑叶植物来增强纹理和丰富色调。另外，我们的卧室在视觉上有点拥挤，所以我倾向于使用色调均匀的树叶来舒缓视觉。形状是我购买植物时考虑的首要因素，因为我们的小屋实在是太小了。我的目标是让植物成为房子的一部分，就像定制家具和窗户一样。"

①花叶橡皮树
②花叶薜荔
WEST'S
MARKET

柔和的色调

床上方的储物空间巧妙地容纳了一棵心叶蔓绿绒。卧室很小，所以没有选择斑叶品种。（左上图）

下图是通往花园的梦幻景色。

植物不仅仅成为室内的一部分，亚当和惠特尼也充分利用了他们的户外空间。除了了解哪些植物可以在户外生长，还要搞明白这些室外植物何时需要进出室内。惠特尼说：“我们根据季节和光照来决定在花园里栽种什么植物，以及是地栽还是盆栽。南加州几乎一直处于干旱状态，所以我们尽量节约用水，并相应地选择耐干旱的植物。”

我请她给大家讲讲宝贵经验，她说：“我认为，房子不一定要充满最新的潮流装饰才能显得时尚——事实上，恰恰相反，我们可以通过减少购买不需要的工业家居产品来降低对资源的消耗，我们可以选择既能净化室内外空气，又能美化空间的植物，投入到有植物的生活方式。”

耐干旱的植物

南加州的气候干燥，所以惠特尼选择了很少需要浇水的植物。多肉、仙人掌和羽叶蔓绿绒在这里茁壮成长。

室内 / 室外

惠特尼家的花园和其他室外空间共有 90 多株植物。在南加州阳光明媚的温暖气候下，这里是一个真正的天堂，一个远离威尼斯城市喧扰的地方。

THE FREEWHEELIN'

简约的植物装饰手法

家庭 迪伊·坎普林
地理位置 英国 格罗斯特 切尔滕纳姆

从伦敦往西坐2个小时的火车，在切尔滕纳姆，我见到了室内设计师迪伊·坎普林。切尔滕纳姆位于科茨沃尔德的边缘，是英格兰自然美景的一部分。进了城，我透过车窗看见连绵起伏的青山和广阔的蓝天。这天气正适合参观迪伊可爱的家。我是从厨房进入房子的，厨房位于房子的后面，是家里最明亮、最开放的空间。我关注的第一件事是厨房里有多少植物，因为这里有很多窗户和天窗，光照非常好，是整个房子里绿植最多的区域。厨房也是内外空间的过渡，利用绿植模糊了内部和外部的界限。

“我喜欢植物，因为它们很容易移动，可以为房间添加色彩和纹理，迅速改变房间的视觉效果。”

迪伊住在一栋1986年建造的典型的维多利亚风格的别墅里，她和丈夫罗伯已经在这里住了20年，现在的家庭成员还有他们的孩子安娜、伊莫金、西奥，以及他们的狗泰德。

从被盆栽和悬挂绿植环绕的厨房窗台，到餐桌旁的大型琴叶榕，迪伊的厨房充满生机。迪伊认为他们有大约46株植物，我可以肯定它们中的一半位于厨房。首先吸引我的是植物和泰德（他真的很喜欢我），然后让我感到安定舒适的是整个室内空间的美丽风格。当我让迪伊描述家居风格时，她说：“我是一个室内设计师，经常在自己家里尝试新的涂料和家具造型。我喜欢的风格是斯堪的纳维亚、复古和波西米亚的混合。我只允许我真正喜欢的东西进入家里。我觉得家应该完全是自己想要的感觉。”

在迪伊的家里，我切实地感受到了轻松自在和宾至如归。这是植物带给我的感觉。迪伊非常喜欢植物，这几年源源不断地往家里搬运各种植物，但她解释说：“在过去的4年里，这似乎有点过度了。我喜欢植物，因为它们很容易移动，可以为房间添加色彩和纹理，迅速改变房间的视觉效果。Instagram和Pinterest开阔了我的眼界，让我意识到有那么多植物可供选择，它们搭配在一起看起来真是太棒了。网络社交媒体激励我尝试很多有创意的东西，包括植物。”网络社交媒体确实是促进植物爱好者之间交流的助推器。

迪伊回忆起小时候祖父母和父母家里的植物：“家中有植物让我觉得身处自然之中。我喜欢模糊室内外的界限，室内植物就是完美的选择。”迪伊选择植物的标准相当明确，她说：“我购买一种新的室内植物，通常是因为以前没见过这种植物。我最近一次购买的植物是蔓绿绒，最近我很迷恋这种植物。我想让它在房子里形成藤蔓——我在Instagram上看到这样的创意。当谈到如何为植物选择合适的放置空间时，她的决策方式是：“我会首先考虑房间的光线，避免使用加热器，然后预估植物自身的纹理会产生怎样的效果，选择与已有的植物在高度和形态上形成互补或对比。另外，不同的植物会给空间带来不同的感觉，比如文竹会让空间看起来轻盈细腻，琴叶榕外观粗犷，会使房间更有层次感。”

①瑞典常春藤 ②龟背竹

用绿植装饰房间

迪伊喜欢选择不同高度的植物给简约风的房间增添层次感和趣味性。她将龟背竹、瑞典常春藤（如意蔓）与鲍勃·迪伦的大照片和一把老式皮椅搭配在一起，形成了一幅很棒的静物画。（131 页图）

客厅里，她将高大的三角大戟放在沙发左侧，瑞典常春藤放在沙发右侧，瑞典常春藤上方悬挂了一株仙洞龟背竹。（上图）

波士顿蕨和镜面草被完美地布置在门厅里，沐浴在从屋门照进来的光线里。（下图）

厨房的光

迪伊家光照充足的明亮厨房是家庭成员聚会的地方。对于许多植物来说，这里是理想的生长环境，从左边顺时针方向依次是蔓绿绒、琴叶榕、爱之蔓、瑞典常春藤、龟背竹，簇拥在实木餐桌周围。

泰德的窗前座位

泰德坐在它专属的植物宝座上，周围是银斑葛、狼尾蕨、仙洞龟背竹和心叶蔓绿绒。

虽然迪伊决意让家里的每个房间都有绿色，但她选择了简约的布置手法。我最喜欢的地方是她的工作室。在这里，迪伊选择了与工作氛围相适应的植物，并限制了绿植的数量。你可以看到迪伊利用爱之蔓、复古家具、羽状芦苇和银扇草创作的美丽场景——这是迪伊独特的植物呈现方式。（136 ~ 137 页）

工作室

在威尼斯石灰风格的彩绘墙壁旁悬挂的爱之蔓，柜子上摆放的东方风格组合盆栽，都在诉说着迪伊的品位——每件物品都恰到好处，绝不过分。

狂野风的植物装饰

家庭 萨拉 · 图法利
地理位置 美国 加利福尼亚州 洛杉矶

萨拉 · 图法利是我们“爱植物”网络社群的一员。网络让我们的世界变得如此之小，让我与世界各地有着相同爱好的人联系在一起，我就是在网络上认识萨拉的。在网络上，她穿着裙子旋转，或者在家悠闲地躺着，真正打动大家的是她对幸福生活和自己所做事情的热爱。我很高兴能在位于洛杉矶的 93 平方米复式别墅里见到现实中的她。她和她的伴侣爱德华租下了这个房子，与 90 多株植物生活在一起。萨拉对植物的喜爱在她的房子中显露无遗。萨拉形容她的风格是“波西米亚 + 悠闲的加州风格”，她喜欢自然材料和中性色调的流行色，她强调她的家中必须有“许多植物”。

“我一生都被喜欢植物的女人包围，她们深深影响到我。……植物一直是我生活中重要的组成部分。”

萨拉的家装风格有着新墨西哥景观的氛围。大帽子和牛的头骨装饰，赭黄、赤陶色、象牙白的色调和绿植的阴影完美地融合在一起。作为一名摄影师、博主和室内设计师，她的工作潜移默化地影响了她的家居装饰，萨拉说：“我希望每季房间都是焕然一新的，我喜欢在博客上和其他小空间的租客分享改造房子的经验，提出一些建议和技巧，帮助大家创造属于自己的舒适绿洲。”她和爱德华是两年前搬进这栋房子的，从一搬进来就陆续带回植物，“我们将上一套公寓里的植物带来这里，并且由于新房子更大，光线更好，我们还添购了更多的植物。这栋房子有很多窗户，连卫生间都有，我们要将这些美妙的阳光充分利用起来。”

说到用植物装饰空间，我最喜欢的座右铭之一是：“有光的地方就有植物。”我想莎拉会赞成这句话。

当我问她是不是在养植物的家庭中长大，她说：“是的！我一生都被喜欢植物的女人包围，她们深深影响到我。我妈妈的爱好之一就是园艺，她在家里种了很多植物。我的祖母也一样——我们去看她的时候她总是兴高采烈地向我们展示花园里新开的花。我在纽约北部的森林、农场和大自然中长大，所以植物一直是我生活中重要的组成部分。”在萨拉家里，可以强烈地感受到主人对植物的热爱。她说：“拥有植物让我感到更快乐、更放松，并且充满灵感。”莎拉说客厅是她最喜欢的房间，而我最喜欢她那似乎有魔力的植物宝座。我对植物宝座有一种痴迷，因为它能让你处在一个被植物环绕的地方，创造一个能让你放松下来，找到内在宁静的空间。莎拉说植物宝座也是她妈妈来看她时最爱待的地方。

在家里创造绿植空间需要一点造型知识，更需要了解不同的植物在什么类型的光线条件下会生长得最好。当我问萨拉她如何选择植物时，她回答说：“我会考虑植物的颜色、形状、养护条件，特别是光照需求。我不考虑植物是否流行，是否适合我和我的家才是我所关心的。我会常常关注房间里哪些地方是空的，然后用合适的植物填补这些空间。我也会考虑每个房间的光照条件，窗户位于哪个方向，哪种植物会喜欢这个地方。你不能把仙人掌放在黑暗的走廊里，也不能把绿萝整天都暴露在阳光直射下，光照对植物来说是首先要考虑的因素。”

①肾蕨 ②三角大戟 ③酒瓶兰 ④心叶蔓绿绒 ⑤蟹爪兰

波西米亚风绿植

所有的花盆都符合莎拉的风格。从左到右依次是琴叶榕、天堂鸟（鹤望兰）、刺羽耳蕨和绿萝。

萨拉给我们的建议是："多学习多研究，挑选适合你和你家的植物。不要只看外表买东西。如果你是一个不想经常浇水或养护的植物父母，你适合选择耐干旱的植物（比如琴叶榕）。确保植物不会成为你的负担，你就能很开心地照顾它们，这些植物在你家里也会很开心。"

植物宝座

右下图是萨拉的植物宝座，座椅旁有一棵大型的龟背竹。

右上图是彩春峰和兰花仙人掌。

厨房绿植架

阳光充足的窗台，适合多肉如‘红尖’东云，仙人掌科植物如锦绣玉仙人球、刺梨仙人掌、黄金钮等喜光耐晒的植物。

每棵植物都在它该在的地方

架子上放着雪铁芋和刺羽耳蕨。（右上图）

绿萝和‘巴西’心叶蔓绿绒悬挂在餐桌后面，餐桌上有一棵鹅掌藤。（下页图）

“我会考虑植物的颜色、形状、养护条件，特别是光照需求。我不考虑植物是否流行，是否适合我和我的家才是我所关心的。”

暖色调的卧室

莎拉的卧室是暖色调的金色，有一种舒适的被夕阳笼罩的感觉。心叶蔓绿绒蔓延而下，给房间带来了一种微妙的氛围。

垂蔓

悬垂蔓延的植物适用于任何房间，尤其是小面积的卫生间，因为那里的地面空间非常珍贵，并且心叶蔓绿绒、银斑葛和空气凤梨等悬垂植物都喜欢潮湿的环境。

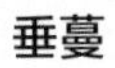

用绿植装饰家居的基本原则

绿植之旅的路很长，路上铺满了美丽的叶子。我希望每段旅程都能这样开始。和我一样，许多绿植爱好者都在探索适合自己家的植物风格，本书举例的只是其中的一部分。这些家庭有各自不同的灵感来源，并且花费时间亲身实践，寻找到各自的方式，打造了舒适的家居空间。

回顾旅程，反思你是如何走到今天的能帮助你铺平未来的道路。我敢肯定，很多人的绿植之旅都有许多有趣的经历和故事，关于他们是如何创造出葱葱郁郁、充满活力的绿意空间。那么，你的旅程是怎样的？你有哪些心爱的植物？又是如何布置和照顾它们的？如果你还没有启程，你想要创造一个与本书中类似的绿意空间吗？植物应该放在哪个房间，不同的光照水平和养护水平会对植物有什么影响，对此你是否有很多疑问？如果你已经在培养绿植的道路上，是不是正在寻找下一个灵感火花，把更多的植物带回家？

无论你处于绿植旅程的哪个阶段，有一些基本的思路可以帮助你、指导你更好地把植物带回你的家。

①
②
③
④
Remodelista
BACK TO THE LAND
Finn Juhl

一个房间
一个房间地布置

把合适的植物放在合适的房间里

如果你像我一样，最喜欢的休闲活动之一是一边看《宋飞正传》（美国情景喜剧）一边吃麦片当宵夜，你一定很享受家居时光。你的大部分空闲时间都喜欢呆在家里，和家人在一起，看最新的电视节目，看书，和宠物玩耍，或者只是在家里发呆。对于我们这类人来说，一定要把家中布置得舒舒服服。对我来说，一个房间里如果没有一点绿色植物，就是没有生命力的。很少的绿植就能让一个沉闷的、死气沉沉的空间充满生机和活力。当然，如果你想把绿色植物带进房间，首先要知道在这个特定的房间里哪些植物能长得更茂盛、更健康。

当我考虑某个植物是否适合我家时，我首先会了解这些植物自然栖息地的环境状况。在植物园或温室时，我会关注那些我家里也有的植物，学习这些专业的场所为它们提供了怎么的环境。比如，热带植物区的空气总是又湿又热，嘶嘶作响的喷雾加湿器制造出的水蒸气弥漫整个温室。我也会把自己的热带植物放在不太干燥的房间里，并时不时对它们进行喷雾。又比如，在温室里，较大的植物为下方较小的喜阴植物创造了冠层，这些喜阴植物就不会接收太多的直射光，如果你家里有这样喜阴植物，就可以找阴凉的地方放置它们。反过来说，你需要根据房间的大小、颜色、高度、温度和人流量来选择绿植，设计绿植装饰。例如，对于一个天花板很高的房间，我建议选择较大型的植物，也可以在天花板上悬挂植物，这样可以降低房间的视觉高度，让房间不过于空旷。而对于一个小房间，那情况就正好相反，需要选择一些较小的植物，可以利用架子架高它们。

植物对健康极有好处，它们能创造更干净、更湿润的空气和更大的幸福感。但在这些神奇的事情发生之前，首先要确认房间的采光量。我一直在强调光照对植物健康的重要性。有许多人问我什么植物能在很少或没有光照的情况下茁壮成长，很遗憾，没有这样的植物，所有植物都需要光，只是多少的问题。弄清楚房间窗户的朝向，你就能知道这个房间的采光量，这将帮助你确定哪些植物能在这个房间中生长良好。从现在开始，一个房间一个房间地装饰植物吧。

左图

①孟加拉榕　②羽叶蔓绿绒
③龟背竹　　④鹿角蕨

入口和玄关

家的入口是给人留下第一印象的重要场所。除了铺开红毯，你还可以让植物先行。但是，并不是每一种植物都适合加入“迎宾委员会”。入口的植物必须能适应门打开时的温度变化，以及来往之人的不断碰触。下面我会推荐一些皮实的绿植，比如虎尾兰或橡皮树。这两种植物的叶片牢固厚实，能很好地应对以上的情况。

上图、左图

杰米和德鲁里家的入口设计非常出色，精心地铺上了红色地毯，为客人提供了一个脱鞋的沙发，沙发旁装饰了一株虎尾兰，门边装饰了一株橡皮树。他们的小沙发距离门只有1.2米，这使得虎尾兰能够获得生长所需的弱光到中等光照。

供参考的入口处植物

虎尾兰

Sansevieria trifasciata

光线：明亮的非直射光到弱光

浇水：土壤完全干燥后再浇水。每 3 ~ 4 周浇一次水

雪铁芋

Zamioculcas zamiifolia

光线：明亮的非直射光到弱光

浇水：土壤完全干燥后再浇水。每 3 ~ 4 周浇一次水

花叶龙血树

Dracaena fragrans 'Massangeana'

光线：明亮的非直射光到散射光

浇水：土壤完全干透后再浇水

橡皮树

Ficus elastica

光线：明亮的非直射光到中等光照

浇水：土壤 5 厘米表层完全干燥时浇水

花叶万年青

Dieffenbachia

光线：明亮的非直射光到中等光照

浇水：土壤 5 厘米表层完全干燥时浇水

上图

温蒂在入户门右侧种了一棵虎尾兰，并在楼梯底部放置了一株小龙血树。磨砂玻璃门和楼梯上方的窗户（图上看不到）引入了植物需要的非直射光。把植物放在门口的另一个好处是总能提醒你给它浇水。一株植物总是在你的眼前出现，就容易进入你的心里。

客厅

在家里，摆放植物的最佳地点肯定是客厅。living room（客厅）就应该是充满生命的地方。对于大多数家庭来说，客厅有最大的窗户和最好的光照。所以，在客厅你可以尽情发挥你的“绿手指”天赋。而且，在大多数家庭里，客厅是你和客人停留时间最长的房间，需要创造一个“热烈欢迎”的气氛。给客人留下良好印象要从一个好的“C位植物”开始，这种植物能为你的房间，甚至是整个家定下良好的基调。

左图、下页图

在加州威尼斯的猎屋（Hunker House），一棵大橡皮树为房间的氛围奠定了基调。橡皮树有着厚厚的蜡质叶片，通常为深紫色或深绿色，如果幸运，你还能找到一株混合了粉色、奶油色和绿色叶子的杂色品种，成为你完美的“C位植物”。我喜欢在客厅里放橡皮树的另一个原因是，这里是人流量最大的地方，橡皮树的叶子很结实，不必担心被人碰到而受伤。你可能会注意到植物上方的灯具，疑惑它们是不是补光灯，它们不是，这些植物从上方的方形窗户和右侧的两扇大窗户获得光线。

①鱼尾葵　②橡皮树　③羽叶蔓绿绒

①
②
③

左图

露西娅·洛佩兹在巴塞罗那的公寓中，一棵中等大小的琴叶榕和一棵斑马海芋软化了背景中木墙的坚硬边缘。

下图

在同一间公寓里，露西娅创造了一个让心灵平静放松的空间。利用沙发和植物的搭配，将自然引入室内，而且创造了一个将客厅和卧室分开的软隔断。创建这样的分区是设计空间角落的好方法。沙发上方的龙血树和地板上的琴叶榕是客厅的完美选择。我喜欢龙血树的原因是，无论把它放在什么地方，它都能成为当之无愧的“C 位植物”。它浓密细长的条状叶子在从细枝顶端绽开，就好像绚烂的烟花。这些植物需要非直射光才能茁壮成长，画面外往左，有两扇大窗户给它们提供需要的光照。

上页图

巴尔的摩的梅根·希斯利和贾斯汀·坦普尔的家，这个例子告诉我们，当有足够的光线时，植物爱好者会在房间中塞满植物。这里的“C 位植物”可以说是大天堂鸟（鹤望兰），也可以说是大龟背竹。这种光滑的桨叶形状的天堂鸟之所以成为客厅的完美选择，是因为它的叶子又长又宽，并且叶柄很长，使叶子处于较高的位置，既美丽又不会碍事。它还能立即营造出一种热带的氛围，给生硬的空间添加丰富的造型和温暖的感觉。虽然这些朝东的窗户很大，但外面有大树和相邻的房屋遮挡住一部分光线，使得光照不过分强烈，形成了天堂鸟和龟背竹的完美光照条件和斑驳美丽的光影组合。

上图

漂亮的花盆是把植物变成艺术品的好方法。在贾斯汀和梅根的家中，一棵紫色的吊竹梅被高高悬挂，这样就可以欣赏到叶片背面美丽的紫色。

下左图

迈克·普尔茨将圆叶福禄桐和广东万年青（粗肋草）装饰在他收藏的唱片两侧。

下右图

龟背竹是最适合客厅的植物之一。在过去的几年里，这种美丽的热带植物一直是最受欢迎的室内植物之一。就像天堂鸟（鹤望兰）一样，龟背竹会让你的房间感觉像是度假胜地——你想一直宅在这里度假。天堂鸟最享受清晨直射进来的阳光，而龟背竹则喜欢让斑驳的光线在叶片上翩翩起舞。在自然环境中，这种攀缘植物喜欢贴着地面或绕着树生长。

上图

在杰米·坎贝尔和德鲁里·拜纳姆的公寓里，架子上是不需要直射光照的绿萝的完美归宿。咖啡桌上放着一棵锦熟黄杨，为客厅增添一抹绿色。

供参考的客厅植物

琴叶榕
Ficus lyrata
光线：明亮的非直射光
浇水：土壤5厘米表层完全干燥时浇水

橡皮树
Ficus elastica
光线：明亮的非直射光到中等光照
浇水：土壤5厘米表层完全干燥时浇水

羽叶蔓绿绒
Philodendron bipinnatifidum
光线：明亮的非直射光到散射光
浇水：土壤5厘米表层完全干燥时浇水

‘大理石皇后’绿萝
Epipremnum aureum
光线：明亮的非直射光到弱光
浇水：土壤5厘米表层完全干燥时浇水
提示：如果叶片很硬实，就不要浇水。如果叶片变软，是时候浇水了

高山榕
Ficus altissima
光线：明亮的非直射光
浇水：土壤5厘米表层完全干燥时浇水

厨房

经常有人问我，为什么我的厨房和卫生间里没有植物，答案很简单：那些房间里没有窗户。老实说，我很羡慕那些厨房和卫生间有窗户的家庭，因为大多数植物都喜欢氤氲的水汽和潮湿的环境。厨房是植物喜欢的场所，因为在烹饪时会产生水汽，方便的水源也会经常提醒你给植物浇水，在厨房浇水真的非常方便。

上图、下页图

马里兰州巴尔的摩的杰米 · 坎贝尔和德鲁里 · 拜纳姆用植物为厨房增添色彩和活力。在白天的大部分时间里，两扇朝东北的窗户给厨房引入充沛的光线，适合大多数植物生长。操作台面上，烹饪书旁边的箭羽竹芋颜色和形状都非常漂亮。竹芋需要保持土壤湿润，需要经常浇水，有水源的厨房对它们来说是得天独厚的生长场所。箭羽竹芋可以生长在光线较暗的环境中，远离窗户的角落放置它们最合适不过了。在操作台的另一边，靠近窗户的地方，放置了多肉盆栽。多肉也是厨房里的好选择，它们体积小巧，非常适合在厨房的操作台或窗台摆成一排。

左图

一棵巨大的龟背竹成为厨房和客厅之间的理想屏障。

本页图

在加拿大多伦多的温迪·刘家中，厨房的窗台和架子上安置了她的植物宝宝们。一棵锦熟黄杨直接挨着水池，占据了方便浇水的好位置。黄杨的土壤需要保持湿润，所以将它放在水源旁是理想的选择。温迪还在一个小小的黄铜浴缸形花盆里混合种植多肉。厨房是家中最繁忙的区域之一，当有客人拜访时，是把所有人聚集在一起的地方，在这里放置较小的植物，可以在增添空间活力的同时使其不过于拥挤。

上图

在德克萨斯州达拉斯市的家中，奥利弗·梅用紫叶酢浆草增添活力和色彩，吊竹梅从厨房的架子上蔓延而下。

供参考的厨房植物

芋

Colocasia esculenta

光线：明亮的非直射光

浇水：保持土壤表层湿润，千万不要让盆土完全干透，但也不要浇水过多，不要让根部长期被水浸泡

‘柠檬扣’肾蕨

Nephrolepis cordifolia ‘Lemon Buttons’

光线：非直射光到中等光照

浇水：保持土壤表层湿润，千万不要让盆土完全干透。每周喷雾

空气凤梨

Tillandsia

光线：明亮的非直射光到中等光照

浇水：置于温水中浸泡 5 分钟，然后将植株倒置，完全控干多余水分后再放回原位。每周喷雾

玉树

Crassula ovata

光线：全日照到明亮的非直射光

浇水：表层 5 厘米的土壤完全干燥时浇水。冬天减少浇水

袋鼠蕨

Microsorum diversifolium

光线：非直射光到中等光照

浇水：保持土壤表层湿润，不要让盆土完全干透。每周喷雾

卫生间

如果你的卫生间有窗户，任何蕨类、肖竹芋、兰花、空气凤梨、吊竹梅，还有许多其他喜欢潮湿的植物，都会喜欢这里。

卫生间是一个隐蔽的地方，窗户可能有贴膜或使用磨砂玻璃，但不用担心——大多数喜湿的植物也习惯弱光的环境。所以，如果想在卫生间里装饰绿植，又想保持私密性，可以选择较薄的窗帘，比如纱帘，或者直接用植物的叶子创造一个有生命的窗帘。竹芋或长叶肾蕨就可以达到这个效果。想象一下，当你沐浴时被绿植包围，会是多么惬意。再加上几支蜡烛、一些精油，就可以享受“爱自己”的生活艺术了。说到“爱自己”，鉴于卫生间是一个我们经常呈现“原始状态”的空间，将“带着上千个钢针”的仙人掌放在这里并不合适，当然，仙人掌也并不适合潮湿的环境。

上图

苏菲和雅尼克在卫生间里种了戴维森蔓绿绒，为卫生间增添了一抹绿色。

下图

阿戴琳用雪铁芋和空气凤梨为她光线较暗的卫生间增添了活力。

右图

加州威尼斯猎屋的卫生间里几乎有所有适合这个房间的植物，创造出在户外洗澡的感觉。在通往卫生间的过道上放置了刺羽耳蕨，为进出卫生间增添了一抹大自然的气息。沐浴时身在户外的感觉，能让你远离当下，消除一天的疲劳和压力。

左图

在猎屋，空气凤梨和箭羽竹芋在卫生间里享受着湿气和光线。空气凤梨非常适合卫生间，因为它们喜欢从空气中汲取水分，将它们放在这里也能提醒你时不时地把它们泡在水里。将照顾植物的工作变得轻松能让你更好地享受植物。我喜欢空气凤梨旁的沙漏计时器，他会提醒你洗澡时节约用水。对于植物爱好者来说，爱护我们所共享的这个星球是理所当然的。

本页图

在温迪 · 刘多伦多的家里，一株绿色的吊竹梅在卫生间找到了完美的位置。由于淋浴喷头是固定的，水流垂直向下，不会进入花盆，植物依靠吸收房间里的水分就足够了。在植物旁洗澡是种美妙的享受，但要注意防止花盆积水。想给你的植物提供合适的水分，首先要能很好地判断土壤的湿度。可以将手指插入土壤，检查 2.5 ~ 5 厘米深的土层是干燥还是湿润，以此决定是否应该浇水。在淋浴喷头的对面，温迪种了薜荔和‘柠檬扣’肾蕨等许多喜欢潮湿的植物。

上图

在厨房那节我们说到了箭羽竹芋，我对这种植物爱不释手。我喜欢被绿植包围的感觉，所以想将家里的所有角落都放满植物，箭羽竹芋是我经常添加进去的植物之一。它们色彩美丽，能增添一抹亮色，并且可以很好地生活在弱光处。像所有的竹芋一样，它们真正的特别之处是叶子在一天中的形态变化——白天叶子下垂，吸收尽可能多的光线，晚上叶子高举，就像在祈祷，因此它们有个绰号叫“祈祷植物”。

供参考的卫生间植物

箭羽竹芋

Calathea lancifolia

光线：中等光照到弱光

浇水：保持土壤表层湿润，不要让盆土完全干透

文竹

Asparagus setaceus

光线：明亮的非直射光至中等光照

浇水：保持土壤表层湿润，不要让盆土完全干透

空气凤梨

Tillandsia

光线：明亮的非直射光至中等光照

浇水：置于温水中约5分钟，然后将植株倒置至水分控干后再放回原处

豹斑竹芋

Maranta leuconeura

光线：明亮的非直射光至中等光照

浇水：保持土壤表层湿润，不要让盆土完全干透

七彩竹芋

Stromanthe sanguinea ‘Triostar’

光线：明亮的非直射光至中等光照

浇水：保持土壤表层湿润，不要让盆土完全干透

餐厅

如果你读过我的第一本书《植物风格 1 · 绿意空间：绿植软装设计与养护》，可能还记得，宾夕法尼亚州格伦米尔斯市的植物商店 Terrain 激发了我对室内绿植的热爱。Terrain 的餐厅是一间有着上百株植物的温室，这就是我梦想中的用餐环境。在桌子上方，传统餐厅悬挂枝形吊灯的地方，Terrain 悬挂了巨大的鹿角蕨，并让常春藤藤蔓像舞台幕布一样垂下来形成空间隔断。我被深深震撼了。Terrain 的一天彻底改变了我。我确信我也希望有一个这样被植物环绕的家。

我决定从工作室的餐厅开始我的绿植之旅。这个房间有宽敞的窗户和高高的天花板，可以让植物长得高高低低，富有层次。我觉得，在绿色植物环绕下进餐就好像室内野餐，每个人应该都很喜欢。我无法确切地说出哪种植物是餐厅的理想选择，任何植物都可以找到能匹配它的餐厅类型。选择什么植物取决于房间的光线和你想如何设计它。在我的餐厅，我在墙壁和窗户上排列了不同大小的植物，让它们分布在房间四周，并在高处悬挂一些植物，这样桌子周围就有充足的活动空间。高处的植物可以借助凳子给它们浇水。

有人可能会认为在吃东西的地方放置植物不卫生，但我不这么认为。大家可能已经注意到许多公共场所包括餐馆正在发生的变化，人们越来越喜欢用植物来装饰这些场所，这甚至已经成为一种潮流。当我在 2011 年第一次拜访 Terrain，还没有多少餐馆用大量的植物进行装饰。但是现在更多的室内空间被植物填满，营造出绿意盎然的环境。我个人很喜欢这种趋势，希望有更多的人接受将绿植引入室内的想法。

上图、下页图

我将我的工作室命名为“瀑布丛林”，用天堂鸟、琴叶榕、秘鲁仙人掌和悬挂的绿萝创造热带丛林的氛围。

本页图

明亮的非直射光如洪水般涌入迈克·普尔茨位于纽约布鲁克林的公寓。餐厅的一整面墙上半部分是玻璃幕墙，下半部分是窗户，引入充沛的光线，因此植物的可选择范围巨大。要是我有这样一个餐厅，会将它从上到下摆满植物。我会做一个鹿角蕨枝形吊灯，就像在 Terrain 看到的那种。迈克对自己在时间和精力上的局限性有很好的自我认知，他选择在这里少量地装饰了发财树（瓜栗）、绿萝和变叶木等好养护的植物。迈克还在这个房间囤积唱片和书籍，加上绿植，这真的是一个奇妙的地方。

上图

马里兰州巴尔的摩市，杰米和德鲁里的餐厅，他们的非洲天门冬有一个专用的座位。身后有纱帘的窗户为它提供了明亮的非直射光，再加上保持表层土壤的湿润，就是它成长的全部需要。我喜欢他们用一把老式椅子作为植物支架的创意，非洲天门冬采用悬垂的形式也很好看。

供参考的餐厅植物

镜面草

Pilea peperomioides

光线：明亮的非直射光

浇水：土壤表层 5 厘米完全干燥时浇水

发财树（瓜栗）

Pachira aquatica

光线：明亮的非直射光到中等光照

浇水：土壤表层 5 厘米完全干燥时浇水

雪铁芋（金钱树）

Zamioculcas zamiifolia

光线：明亮的非直射光到弱光

浇水：土壤完全干燥后再浇水，这意味着只需要每 3 ~ 4 周浇一次水

绿萝

Epipremnum aureum

光线：明亮的非直射光到弱光

浇水：土壤表层 5 厘米完全干燥时浇水

提示：如果叶片很硬实，就不要浇水；如果叶片变软，是时候浇水了

酒瓶兰

Beaucarnea recurvata

光线：明亮的非直射光到中等光照

浇水：土壤完全干燥后再浇水，这意味着只需要每 3 ~ 4 周浇一次水

卧室

我几乎没有去过正式的露营——这听起来有点不可思议，但我和我的家人来自巴尔的摩，野营对我们来说并不是什么了不起的事。（译者注：巴尔的摩是美国治安最差的城市之一。）我最近的一次非正式露营是和我的妻子在加州大瑟尔的“豪华野营”。所谓的“豪华野营”就是：我们租了一个有豪华大床的帐篷，我妻子认为，这样我们睡在外面会感觉更舒服一些。虽然我并不排斥这样的露营，但说实话，我更愿意在家里创造“室内露营”。我在家里种满了植物，这样就把户外带回了家。对我来说，理想的露营方式是待在家里，在植物环绕中，订外卖，看奈飞（Netflix，美国的在线影片租赁服务商）。所以，对于卧室的绿植布置，我倾向于狂野一点。如果有合适的光照条件，卧室可以是许多不同种类植物的完美居所，这些植物能给你的卧室带来完美的氛围：虎尾兰、吊兰和白鹤芋（和平百合）能在你睡觉时过滤毒素和吸收一氧化碳，从而清洁空气。虽然可能起到的作用不大，但即使只有点滴的作用也会对我们有益处。

本页图

我听说有些文化认为在卧室里放置植物是不明智的，因为它们会妨碍睡眠，但我并不认同。我发现睡在绿植丛中会让我的睡眠质量更好。在本书介绍的所有家庭中，卧室里都摆满了植物，所以很明显很多人觉得睡在植物朋友的旁边很舒服，这并不是少数人的观点。

下图

当我布置马里兰州巴尔的摩工作室的卧室时，先于放入家具，我做的第一件事是搬进一株植物。我想要一种有气势的“C 位植物”，我选择了琴叶榕，后来我给它起名叫“Treezus（树树）”。琴叶榕是任何房间的完美植物，它能挑战和打破室内的概念。在完美的环境下，一棵琴叶榕可以长到 7.5 米高，所以如果你的卧室足够高，你甚至可以在里面建一个树屋。在你的房间里的不只是一株植物，而是一棵真正的树。每天晚上，你都可以睡在树下或树旁。这不就是露营的感觉吗？说到琴叶榕的养护，和其他植物一样，正确的光照是关键，它在明亮的非直射光下才能茁壮成长。

上页右图、本页图

北卡罗莱纳州戴维森市布莱克·波普家的卧室有着超高水平的植物布置。绿色的植物与珊瑚橙的墙壁相互映衬，不同类型和大小的植物搭配使房间里葱葱茏茏、引人入胜。很明显，这里的“C 位植物”是一棵大天堂鸟（鹤望兰）。当你走进房间时，这种美丽的热带植物能吸引你全部的注意力。它那巨大的体型让你似乎抵达了热带雨林，能带给人放松的睡眠体验。在天堂鸟的左边，布莱克放置了最受卧室欢迎的植物之一——虎尾兰，它有助于清洁空气。在床的上方，植物需要的明亮的非直射光从带纱窗的大窗户中照射进来。布莱克布置的卧室最让我喜欢的一点是，虽然房间里有很多植物，但看起来没有压迫感。想象一下，如果这个房间没有植物将是什么样子，它一定会失去现有的灵魂。

供参考的卧室植物

琴叶榕

Ficus lyrata

光线：明亮的非直射光

浇水：土壤 5 厘米表层完全干燥时浇水

虎尾兰

Sansevieria trifasciata

光线：明亮的非直射光到弱光

浇水：土壤完全干燥后再浇水，这意味着可能只需要每 3 ~ 4 周浇一次水

白鹤芋（和平百合）

Spathiphyllum wallisii

光线：明亮的非直射光到中等光照

浇水：土壤 5 厘米表层完全干燥时浇水

提示：如果叶片硬实，就不需要浇水，如果叶片变软，就该浇水了

银斑葛

Scindapsus pictus ‘Argyraeus’

光线：明亮的非直射光到弱光

浇水：土壤 5 厘米表层完全干燥时浇水

提示：如果叶片硬实，就不需要浇水，如果叶片变软，就该浇水了

天堂鸟（鹤望兰）

Strelitzia

光线：明亮的非直射光

浇水：土壤 5 厘米表层完全干燥时浇水

工作空间

无论是家里的书房还是公司的办公室，在空间里增加植物真的可以帮助你愉快地度过工作时光。有人做过“在工作空间增加植物的好处”的研究，发现绿植不仅能美化环境，还能减少压力，激发创意，是一举三得的事。

当然我们都不希望在工作场所花费太多的时间，因此对于办公空间，最好选择那些晚上和周末不打理也可以活得很好的植物。

上图、下页图

布莱克·波普对办公室植物的布置有独特的想法。在他的办公室，有一棵巨大的秘鲁天轮柱，一棵绿萝和几株空气凤梨。这些都是非常好的办公室植物，它们不需要太多的养护，当你不在办公室的时候也能很安心。布莱克的办公桌紧挨着一扇朝西的大窗户，下午，这扇窗户能给室内提供充足的光线。如果你的办公室没有窗户，可以在办公桌上设置一个植物补光灯。在我看来，在办公桌上摆放植物的人都很酷。

左图

蔓生植物，比如图中的绿萝，是阴暗角落处的完美植物。

本页图

苏菲和雅尼克家中的办公室布置了很多植物。因为在家办公，即使周末，也可以给植物浇水，所以在办公桌上有一些非常漂亮的喜湿植物，比如叶蝉竹芋、海芋。在桌子旁边的地板上有一棵紫背天鹅绒竹芋。办公桌的上方设置了多层置物架，放置了多种小型植物。他们还在小碗里养了一两棵空气凤梨。

上图

萨拉·图法利的小书房里布置了低矮的喜光植物，左边是棒叶虎尾兰，右边是花叶橡皮树。最右边是一个小小的玻璃微景观。工作间隙，我想不出有什么比凝视一个自给自足的绿色世界更能激发灵感了。

供参考的办公室植物

棒叶虎尾兰

Sansevieria trifasciata

光线：明亮的非直射光至弱光

浇水：土壤完全干燥后再浇水，这意味着你可能只需要每 3 ~ 4 周浇一次水

雪铁芋

Zamioculcas zamiifolia

光线：明亮的非直射光至弱光

浇水：土壤完全干燥后再浇水，这意味着你可能只需要每 3 ~ 4 周浇一次水

秘鲁天轮柱

Cereus repandus

光线：明亮的非直射光至直射光

浇水：土壤完全干燥后再浇水，这意味着你可能只需要每 3 ~ 4 周浇一次水

橡皮树

Ficus elastica

光线：明亮的非直射光至中度光照

浇水：土壤 5 厘米表层完全干燥时浇水

空气凤梨

Tillandsia

光线：明亮的非直射光至中等光照

浇水：将植株置于温水中约 5 分钟，取出后倒置植株至水分完全控干后再放回原位

宠物和植物

保证每一个家庭成员的安全和快乐

很多人都会问我哪些植物对宠物有益，但对植物有益的动物在哪里呢？别误会，我也很爱我的宠物，每一天都要和狗狗好好拥抱一下，但我很想说，宠物也应该尊重家里的其他成员。我和我的妻子很幸运，我们的宠物对家里的植物不怎么感兴趣。相对于因为破坏植物而被赶出家门露宿街头的状况，我们的猫伊莎贝拉、佐伊和小狗查理更喜欢家的温暖。哈哈，我是开玩笑的。虽然我以前并不喜欢猫，但受妻子的影响，现在也慢慢喜欢上了它们。

我家的宠物就好像生活在真正的丛林中一样。猫咪藏在植物后面躲避小狗；有时也会反转剧本，躲藏者变成捕食者，在树叶后面窥视，瞅准机会跳到外面的“敌人”身上。在家里养动物确实更有助于营造“室内丛林”的氛围。

虽然我家的宠物能和植物和平相处，但我相信很多家庭有这方面的困惑。如果你发现宠物正在以一种破坏性的方式与植物互动，立刻把它们的注意力从植物上转移开。在大多数情况下，它们是因为无聊而玩弄或啃食你的植物。

从前，我养的植物和宠物也很不和谐。我曾经和一只被我称为“植物恐怖分子”的猫住在一起。它通过咀嚼家里的每一株植物来表达它的恨——但或许是它的爱。因为我养的大多数植物对它有毒，我不得不把植物放到房间更高的地方，远离猫爪和猫牙。把蔓生植物比如蔓绿绒、蟹爪兰和肖竹芋挂起来很有用。另一个解决办法是种植更大棵的树类植物，它们有高高的树干，这样宠物就够不着叶子了。另一个好方法是将植物摆放在窗台上，将窗台完全放满。当猫咪找不到一个可以安全着陆的地方，它们就会完全避开这个场所。

本页图

迪伊·坎普林的狗泰德。

下页图

我的狗查理和艾琳娜·法莎科娃的猫乌莎。

下页右下图

艾琳·欧文用悬挂花盆使她的绿萝和绿玉树（光棍树）远离她的猫咪。

如果你在为你毛茸茸的朋友们寻找无毒的植物，试试以下几种。

① 空气凤梨
② 袖珍椰子
③ 箭羽竹芋
④ 青苹果竹芋
⑤ 镜面草
⑥ 蟹爪兰
⑦ 酒瓶兰

JOHN DERIAN
NATURAL CURIOSITIES
WONDERPLANTS
FANTASTIC

干花装饰

凋谢之美

我相信情人眼里出西施。你认为美丽的东西可能我不会心动，反之亦然。在植物世界里，我们以保持植物的健康和活力而自豪，一旦植物枝叶变软变枯萎，它就会被抛弃，曾经的生命就会变成垃圾。最近，这种情况在发生变化。许多人开始在枯萎的枝叶、花和植株中感受到美，这些曾经充满光彩的枝叶变得柔和而干枯，在死亡中，它们获得了某种新生。曾经被认为是垃圾的东西，现在被珍视并作为家居装饰品使用。

我也会用干花装饰我的家，开始的契机是我给菲奥娜买的帝王花枯萎了，但我不想扔掉它们，所以将它们做成了干花。虽然花朵还保持原来的形状，但曾经新鲜的粉色和白色变成了赤褐色和灰色。在死亡后，它们展现出一种新的美丽。我拜访别的家庭时，也注意到干枯枝叶被精妙地运用在家居装饰中，用干花进行装饰正在变得越来越流行。

干花的装饰效果不逊于新鲜的植物，别有韵味。从大花瓶中伸展而出的一片干棕榈叶，可以赋予一个空荡的角落新的生命活力；一束将要枯萎的鲜花，晒干后放在家里的小容器里，可以给缺乏光线的房间增添一点色彩和质感。

上图

帝王花生命的延续。

上页图

在我工作室的客厅里，展示着两片巨大的干枯棕榈叶，这是我从罗林斯温室最古老的一棵棕榈树上摘下来的。它们装饰在书架的两侧，为墙壁添加了美丽的纹饰。

上页图

在西奥多拉·麦迪克位于柏林的家里，卧室的架子上放着一束干花。泥灰墙衬托出花束的丰富色彩，如同一幅色调柔和的静物画。

上图

在拉提莎·卡尔森位于新墨西哥州阿尔伯克基的家中，丛林图案墙纸前装饰了一片干枯的棕榈树叶，和前面的藤制家具形成呼应。

右图

布莱克·波普在他的镜子边缘装饰了小小的干花。

绿植架

作为艺术品的植物

我拜访了许多令人惊叹的绿植之家，被每个家庭的独特所折服——不同的家庭引入不同品种和大小的植物。

但有一些共同的主题贯穿始终，其中一个主题是“绿植架”——在房间里创造一个空间，将植物放置在更高的位置，可以是一个特制的架子也可以是某个家具的顶层。你可能已经在社交媒体上见过绿植架的照片。如果没见过，简单来说就是用很酷的方式将植物摆放在架子上，可以与书籍、小摆设等其他物品陈设在一起，也可以是几个植物的组合。绿植架的特别之处在于，它是以展示艺术品的方式展示植物。

上图、下页图

露西娅·洛佩兹将她的鳟鱼秋海棠和照片、旧相机放在一起展示。

①龟背竹 ②叶蝉竹芋 ③鳟鱼秋海棠 ④仙洞龟背竹 ⑤银斑葛 ⑥紫叶酢浆草 ⑦镜面草

左图

玛丽莎和库罗用图中的架子展示他们对植物和艺术的热爱，上面的是雪铁芋，下面的是吊兰。

有部分人着迷于有植物陪伴的生活，成为了真正的植物收藏家，他们会收藏一些稀有植物。稀有植物往往比较昂贵，与一般的植物不同，你需要花费特别的精力照顾它们，当然这样的植物是你炫耀的资本。将它们放在绿植架上就是炫耀它们的好方式。

①
②
③
④
⑤
⑥
⑦

①
②
③
④

大多数情况下， 较小尺寸的植物更容易放置在架子上，也更容易打造炫酷有趣的造型，而且能让你在一个地方展示大量的植物。

设置绿植架还有其他的好处，首先，你可以提升植物的高度，让它们远离家人的活动，也可以避免你的宠物破坏植物或者毒害自己。

此外，绿植架是展示你的宝贝植物以及你对它们的爱的最具创意的方式之一。有很多不同类型的小花盆，比如漂亮的手工陶艺风格，确定其中的一种并开始收藏，就像收集古董唱片、玻璃器皿或艺术品一样，是一种进一步激发热情的方式。创造一个这样的绿植架空间并不难，要注意的是，要确保你能够够到架上的所有植物，这样养护才会简单流畅。让事情变得简单才会更长久。所以，去吧，去打造你的绿植架，我们在等着欣赏你的作品。

上页图、右图

保罗·霍尔特位于伦敦N1花园中心的办公室，这些绿植架是植物爱好者的梦想，上面有柯克虎尾兰、小仙女海芋和领带花烛。

①柯克虎尾兰　②领带花烛
③小仙女海芋　④鳄鱼蕨

左图

艾琳娜·法莎科娃的绿植架，用心叶蔓绿绒、领带花烛和山乌龟设定基调。

索引

参加人员名单

希尔顿·卡特（Hilton Carter）
@hiltoncarter
thingsbyhc.com

灵感之境：启发我的10个地方

巴比肯温室
@barbicancentre
barbican.org.uk

伊莎贝拉·斯图尔特·加德纳博物馆
@gardnermuseum
gardnermuseum.org

罗林斯温室
@rawlingsconservatory
rawlingsconservatory.org

英国皇家植物园
@kewgardens
kew.org

加菲尔德公园温室
@gpconservatory
garfieldconservatory.org

绿植之旅：不同家庭的绿植风格

阳光充足的家中“丛林”
@alina.fassakhova
alinafassakhova.com

新旧混搭、丰富的色彩和植物
@dabito
oldbrandnew.com

古老的家，柔和的色彩
@______theo

室内室外都有植物
@sof_e @ydeneef
@theplantcorner
theplantcorner.com

疗愈人心的绿色空间
@roomandroot
roomandroot.com

丛林LOFT
@adduchala
adelynduchalaphotography.com

低光照家庭的绿植策略
@marimasot @currelas
marimasot.com

植物给家注入生命之光
@nolongerwander
nolongerwander.com

极简风格的植物装饰
cavendishstudios.com

小奇迹
——小面积家居空间的绿植装饰
@whitneyleighmorris
@adamwinkleman
tinycanalcottage.com

简约的植物装饰手法
@deecampling
dee-campling.com

狂野风的植物装饰
@saratoufali
blackandblooms.com

用绿植装饰家居的基本原则

温迪·刘（Wendy Lau）
@thekwendyhome

布莱克·波普（Blake Pope）
@mblakepope

杰米·坎贝尔和德鲁里·拜纳姆
（Jamie Campbell and Drury Bynum）
@shinecreativetv

汉克（Hunker）
@hunkerhome

奥利弗·梅（Olive May）
@oliveinwanderland

贾斯汀·坦普尔和梅根·希斯利
（Justin Timothy Temple and Megan Hipsley）
@justintimothytemple @m.e.hips

露西娅·洛佩兹（Lucia Lopez）
@lucialucelucira

迈克·普尔茨（Mike Puretz）
@thehangglider

艾琳·欧文（Eryn Irwin）
@leaves.and.bones

N1 花园中心（N1 Garden Centre）
@n1gardencentre

致谢

我非常感谢能够有机会创作这本书。虽然工作量很大，但这也是我在很长一段时间内从事的最有趣的项目。这里，我要感谢很多人。

首先，我想感谢我的妻子菲奥娜，因为没有她的爱、支持和耐心，就不可能有这本书。我深深地爱着你。我离家旅行了很多天，去了解别人的生活，是她每一天的爱和鼓励使我能够坚持下去。菲奥娜，你是我心中燃烧着的火焰，推动我不断变得更好，激励我挑战更远的旅程。因为你的关爱，我得以成长。谢谢你！

我亲爱的家人和亲密的朋友们，感谢你们一直以来对我的帮助和全力支持——谢谢你们！

感谢所有邀请我进入他们的狂野世界的人，这样我就可以捕捉到一个个小的片段，并与其他人分享。你们所有人都那么善良、开放、慷慨地给予我时间和空间，让我感觉宾至如归。你们打造的室内丛林繁茂且具有创造性，令人敬畏，我相信很多人会有和我一样的感受。通过近距离观察你们如何将绿植运用到生活空间之中，以及聆听你们的绿植之旅，我学到了很多。我希望我抓住了你们打造绿植空间的真谛，没有辜负你们。虽然在这个过程中不是所有人都有很多时间在一起相处交流，但我们可以在很多层面上建立联系。很多人让我有想交一辈子的朋友的感觉，我希望我也给你们留下了同样的印象。我期待着我们的下一次会面，我祝愿你们、你们可爱的宠物，以及你们的众多植物朋友，不断成长，一直被爱。谢谢你们！

感谢 CICO 出版社帮忙制作了这样一本可爱的书，并允许我在整个过程中保持自我。

感谢辛迪 · 理查兹为我的第一本书《植物风格 1 · 绿意空间：绿植软装设计与养护》所做的拍摄，感谢安娜 · 加尔基娜和梅根 · 史密斯为本书出版花费了大量的时间和精力，你们是如此优秀的合作伙伴，我会永远感激你们。

最后，感谢绿植爱好者社群。是你们一直以来的支持和《植物风格 1 · 绿意空间：绿植软装设计与养护》的成功，创造了这个机会。在过去的一年里，很高兴能与大家见面，我也期待着在今后与大家更多地相见。我希望在阅读这本书时，你能够以某种方式与它连接，并从中获得一些灵感和知识，进而应用到你家里的绿植风格室内设计中。就这样，继续在斑驳的阳光下跳舞吧，永远保持野性！

这本书献给我的母亲特蕾西和干女儿希耶娜。我爱你们。